U0161939

网络安全运营服务能力指南

九维彩虹团队之
网络安全人才培养

范 渊 主 编

袁明坤 执行主编

电子工业出版社

Publishing House of Electronics Industry

北京·BEIJING

内 容 简 介

近年来，随着互联网的发展，我国进一步加强对网络安全的治理，国家陆续出台相关法律法规和安全保护条例，明确以保障关键信息基础设施为目标，构建整体、主动、精准、动态防御的网络安全体系。

本套书以九维彩虹模型为核心要素，分别从网络安全运营（白队）、网络安全体系架构（黄队）、蓝队"技战术"（蓝队）、红队"武器库"（红队）、网络安全应急取证技术（青队）、网络安全人才培养（橙队）、紫队视角下的攻防演练（紫队）、时变之应与安全开发（绿队）、威胁情报驱动企业网络防御（暗队）九个方面，全面讲解企业安全体系建设，解密彩虹团队非凡实战能力。

本分册为橙队分册，橙队是网络安全运营彩虹团队的基础核心部分，核心定位是"赋能"和"建设"，确切来说橙队更像是"地基"，橙队能力也就是安全人才队伍建设的能力，这是一切网络安全规划和运营体系落地的前提基础；网络安全作为一门交叉学科并且尤其注重实践落地效果，如何从 0 到 1 建设橙队队伍及增强橙队能力，是本分册的主要论述内容及探讨主题。

图书在版编目（CIP）数据

网络安全运营服务能力指南. 九维彩虹团队之网络安全人才培养 / 范渊主编. —北京：电子工业出版社，2022.5

ISBN 978-7-121-43428-0

Ⅰ．①网… Ⅱ．①范… Ⅲ．①计算机网络－网络安全 Ⅳ．①TP393.08

中国版本图书馆 CIP 数据核字(2022)第 086729 号

责任编辑：张瑞喜

印　　刷：中国电影出版社印刷厂
装　　订：中国电影出版社印刷厂
出版发行：电子工业出版社
　　　　　北京市海淀区万寿路 173 信箱　邮编：100036
开　　本：787×1092　1/16　印张：94.5　字数：2183 千字
版　　次：2022 年 5 月第 1 版
印　　次：2022 年 11 月第 2 次印刷
定　　价：298.00 元（共 9 册）

凡所购买电子工业出版社图书有缺损问题，请向购买书店调换。若书店售缺，请与本社发行部联系，联系及邮购电话：（010）88254888，88258888。

质量投诉请发邮件至 zlts@phei.com.cn，盗版侵权举报请发邮件至 dbqq@phei.com.cn。

本书咨询联系方式：zhangruixi@phei.com.cn。

本书编委会

主　　编：范　渊

执行主编：袁明坤

执行副主编：

苗春雨　　杨方宇　　韦国文　　王　拓　　秦永平

杨　勃　　刘蓝岭　　孙传闯　　朱尘炀

橙队分册编委：

吴鸣旦　　杜廷龙　　孙伟峰　　王　伦

《网络安全运营服务能力指南》

总　目

2016年以来，国内组织的一系列真实网络环境下的攻防演习显示，半数甚至更多的防守方的目标被攻击方攻破。这些参加演习的单位在网络安全上的投入并不少，常规的安全防护类产品基本齐全，问题是出在网络安全运营能力不足，难以让网络安全防御体系有效运作。

范渊是网络安全行业"老兵"，凭借坚定的信念与优秀的领导能力，带领安恒信息用十多年时间从网络安全细分领域厂商成长为国内一线综合型网络安全公司。袁明坤则是一名十多年战斗在网络安全服务一线的实战经验丰富的"战士"。他们很早就发现了国内企业网络安全建设体系化、运营能力方面的不足，在通过网络安全态势感知等产品、威胁情报服务及安全服务团队为用户赋能的同时，在业内率先提出"九维彩虹团队"模型，将网络安全体系建设细分成网络安全运营（白队）、网络安全体系架构（黄队）、蓝队"技战术"（蓝队）、红队"武器库"（红队）、网络安全应急取证技术（青队）、网络安全人才培养（橙队）、紫队视角下的攻防演练（紫队）、时变之应与安全开发（绿队）、威胁情报驱动企业网络防御（暗队）九个战队的工作。

由范渊主编，袁明坤担任执行主编的《网络安全运营服务能力指南》，是多年网络安全一线实战经验的总结，对提升企业网络安全建设水平，尤其是提升企业网络安全运营能力很有参考价值！

赛博英杰创始人　谭晓生

楚人有鬻盾与矛者，誉之曰："吾盾之坚，物莫能陷也。"又誉其矛曰："吾矛之利，于物无不陷也。"或曰："以子之矛陷子之盾，何如？"其人弗能应也。众皆笑之。夫不可陷之盾与无不陷之矛，不可同世而立。（战国·《韩非子·难一》）

近年来网络安全攻防演练对抗，似乎也有陷入"自相矛盾"的窘态。基于"自证清白"的攻防演练目标和走向"形式合规"的落地举措构成了市场需求繁荣而商业行为"内卷"的另一面。"红蓝对抗"所面临的人才短缺、环境成本、风险管理以及对业务场景深度融合的需求都成为其中的短板，类似军事演习中的导演部，负责整个攻防对抗演习的组织、导调以及监督审计的价值和重要性呼之欲出。九维彩虹团队的《网络安全运营服务能力指南》套书，及时总结国内优秀专业安全企业基于大量客户网络安全攻防实践案例，从紫队视角出发，基于企业威胁情报、蓝队技战术以及人才培养方面给有构建可持续发展专业安全运营能力需求的甲方非常完整的框架和建设方案，是网络安全行动者和责任使命担当者秉承"君子敏于行"又勇于"言传身教 融会贯通"的学习典范。

华为云安全首席生态官　万涛（老鹰）

安全服务是一个持续的过程，安全运营最能体现"持续"的本质特征。解决思路好不好、方案设计好不好、规则策略好不好，安全运营不仅能落地实践，更能衡量效果。目标及其指标体系是有效安全运营的前提，从结果看，安全运营的目标是零事故发生；从成本和效率看，安全运营的目标是人机协作降本提效。从"开始安全"到"动态安全"，再到"时刻安全"，业务对安全运营的期望越来越高。毫无疑问，安全运营已成为当前最火的安全方向，范畴也在不断延展，由"网络安全运营"到"数据安全运营"，再到"个人信息保护运营"，既满足合法合规，又能管控风险，进而提升安全感。

这套书涵盖了九大方向，内容全面深入，为安全服务人员、安全运营人员及更多对安全运营有兴趣的人员提供了很好的思路参考与知识点沉淀。

滴滴安全负责人　王红阳

"红蓝对抗"作为对企业、组织和机构安全体系建设效果自检的重要方式和手段，近年来越来越受到甲方的重视，因此更多的甲方在人力和财力方面也投入更多以组建自己的红队和蓝队。"红蓝对抗"对外围的人更多是关注"谁更胜一筹"的结果，但对企业、组织和机构而言，如何认识"红蓝对抗"的概念、涉及的技术以及基本构成、红队和蓝队如何组建、面对的主流攻击类型，以及蓝队的"防护武器平台"等问题，都将是检验"红蓝对抗"成效的决定性因素。

这套书对以上问题做了详尽的解答，从翔实的内容和案例可以看出，这些解答是经过无数次实战检验的宝贵技术和经验积累；这对读者而言是非常有实操的借鉴价值。这是一套由安全行业第一梯队的专业人士精心编写的网络安全技战术宝典，给读者提供全面丰富而且系统化的实践指导，希望读者都能从中受益。

雾帜智能CEO　黄　承

网络安全是一项系统的工程，需要进行安全规划、安全建设、安全管理，以及团队成员的建设与赋能，每个环节都需要有专业的技术能力，丰富的实战经验与积累。如何通过实战和模拟演练相结合，对安全缺陷跟踪与处置，进行有效完善安全运营体系运行，以应对越来越复杂的网络空间威胁，是目前网络安全面临的重要风险与挑战。

九维彩虹团队的《网络安全运营服务能力指南》套书是安恒信息安全服务团队在安全领域多年积累的理论体系和实践经验的总结和延伸，创新性地将网络安全能力从九个不同的维度，通过不同的视角分成九个团队，对网络安全专业能力进行深层次的剖析，形成网络安全工作所需的具体化的流程、活动及行为准则。

以本人20多年从事网络安全一线的高级威胁监测领域及网络安全能力建设经验来看，此套书籍从九个不同维度生动地介绍网络安全运营团队实战中总结的重点案例、深入浅出讲解安全运营全过程，具有整体性、实用性、适用性等特点，是网络安全实用必备宝典。

该套书不仅适合企事业网络安全运营团队人员阅读，而且也是有志于从事网络安全从业人员的应读书籍，同时还是网络安全服务团队工作的参考指导手册。

神州网云CEO　宋　超

"数字经济"正在推动供给侧结构性改革和经济发展质量变革、效率变革、动力变革。在数字化推进过程中，数字安全将不可避免地给数字化转型带来前所未有的挑战。2022年国务院《政府工作报告》中明确提出，要促进数字经济发展，加强数字中国建设整体布局。然而当前国际环境日益复杂，网络安全对抗由经济利益驱使的团队对抗，上升到了国家层面软硬实力的综合对抗。

安恒安全团队在此背景下，以人才为尺度；以安全体系架构为框架；以安全技术为核心；以安全自动化、标准化和体系化为协同纽带；以安全运营平台能力为支撑力量着手撰写此套书。从网络安全能力的九大维度，融会贯通、细致周详地分享了安恒信息15年间积累的安全运营及实践的经验。

悉知此套书涵盖安全技术、安全服务、安全运营等知识点，又以安全实践经验作为丰容，是一本难得的"数字安全实践宝典"。一方面可作为教材为安全教育工作者、数字安全学子、安全从业人员提供系统知识、传递安全理念；另一方面也能以书中分享的经验指导安全乙方从业者、甲方用户安全建设者。与此同时，作者以长远的眼光来严肃审视国家数字安全和数字安全人才培养，亦可让国家网络空间安全、国家关键信息基础设施安全能力更上一个台阶。

安全玻璃盒【孝道科技】创始人　范丙华

　　网络威胁已经由过去的个人与病毒制造者之间的单打独斗，企业与黑客、黑色产业之间的有组织对抗，上升到国家与国家之间的体系化对抗；网络安全行业的发展已经从技术驱动、产品实现、方案落地迈入到体系运营阶段；用户的安全建设，从十年前以"合规"为目标解决安全有无的问题，逐步提升到以"实战"为目标解决安全体系完整、有效的问题。

　　通过近些年的"护网活动"，甲乙双方（指网络安全需求方和网络安全解决方案提供方）不仅打磨了实战产品，积累了攻防技战术，梳理了规范流程，同时还锻炼了一支安全队伍，在这几者当中，又以队伍的培养、建设、管理和实战最为关键，说到底，网络对抗是人和人的对抗，安全价值的呈现，三分靠产品，七分靠运营，人作为安全运营的核心要素，是安全成败的关键，如何体系化地规划、建设、管理和运营一个安全团队，已经成为甲乙双方共同关心的话题。

　　这套书不仅详尽介绍了安全运营团队体系的目标、职责及它们之间的协作关系，还分享了团队体系的规划建设实践，更从侧面把安全运营全生命周期及背后的支持体系进行了系统梳理和划分，值得甲方和乙方共同借鉴。

　　是为序，当践行。

白　日

　　过去20年，伴随着我国互联网基础设施和在线业务的飞速发展，信息网络安全领域也发生了翻天覆地的变化。"安全是组织在经营过程中不可或缺的生产要素之一"这一观点已成为公认的事实。然而网络安全行业技术独特、概念丛生、迭代频繁、细分领域众多，即使在业内也很少有人能够具备全貌的认知和理解。网络安全早已不是黑客攻击、木马病毒、0day漏洞、应急响应等技术词汇的堆砌，也不是人力、资源和工具的简单组合，在它的背后必须有一套标准化和实战化的科学运营体系。

　　相较于发达国家，我国网络安全整体水平还有较大的差距。庆幸的是，范渊先生和我的老同事袁明坤先生所带领的团队在这一领域有着长期的深耕积累和丰富的实战经验，他们将这些知识通过《网络安全运营服务能力指南》这套书进行了系统化的阐述。

　　开卷有益，更何况这是一套业内多名安全专家共同为您打造的知识盛筵，我极力推荐。该套书从九个方面为我们带来了安全运营完整视角下的理论框架、专业知识、攻防实战、人才培养和体系运营等，无论您是安全小白还是安全专家，都值得一读。期待这套书能为我国网络安全人才的培养和全行业的综合发展贡献力量。

傅　奎

　　管理安全团队不是一个简单的任务，如何在纷繁复杂的安全问题面前，找到一条最适合自己组织环境的路，是每个安全从业人员都要面临的挑战。

　　如今的安全读物多在于关注解决某个技术问题。但解决安全问题也不仅仅是技术层面的问题。企业如果想要达到较高的安全成熟度，往往需要从架构和制度的角度深入探讨当前的问题，从而设计出更适合自身的解决方案。从管理者的角度，团队的建设往往需要依赖自身多年的从业经验，而目前的市面上，并没有类似完整详细的参考资料。

　　这套书的价值在于它从团队的角度，详细地阐述了把安全知识、安全工具、安全框架付诸实践，最后落实到人员的全部过程。对于早期的安全团队，这套书提供了指导性的方案，来帮助他们确定未来的计划。对于成熟的安全团队，这套书可以作为一个完整详细的知识库，从而帮助用户发现自身的不足，进而更有针对性地补齐当前的短板。对于刚进入安全行业的读者，这套书可以帮助你了解到企业安全的组织架构，帮助你深度地规划未来的职业方向。期待这套书能够为安全运营领域带来进步和发展。

Affirm前安全主管　王亿韬

随着网络安全攻防对抗的不断升级，勒索软件等攻击愈演愈烈，用户逐渐不满足于当前市场诸多的以合规为主要目标的解决方案和产品，越来越关注注重实际对抗效果的新一代解决方案和产品。

安全运营、红蓝对抗、情报驱动、DevSecOps、处置响应等面向真正解决一线对抗问题的新技术正成为当前行业关注的热点，安全即服务、云服务、订阅式服务、网络安全保险等新的交付模式也正对此前基于软硬件为主构建的网络安全防护体系产生巨大冲击。

九维彩虹团队的《网络安全运营服务能力指南》套书由网络安全行业知名一线安全专家编写，从理论、架构到实操，完整地对当前行业关注并急需的领域进行了翔实准确的介绍，推荐大家阅读。

赛博谛听创始人　金湘宇
/NUKE

企业做安全，最终还是要对结果负责。随着安全实践的不断深入，企业安全建设，正在从单纯部署各类防护和检测软硬件设备为主要工作的"1.0时代"，逐步走向通过安全运营提升安全有效性的"2.0时代"。

虽然安全运营话题目前十分火热，但多数企业的安全建设负责人对安全运营的内涵和价值仍然没有清晰认知，对安全运营的目标范围和实现之路没有太多实践经历。我们对安全运营的研究不是太多了，而是太少了。目前制约安全运营发展的最大障碍有以下三点。

一是安全运营的产品与技术仍很难与企业业务和流程较好地融合。虽然围绕安全运营建设的自动化工具和流程，如SIEM/SOC、SOAR、安全资产管理（S-CMDB），安全有效性验证等都在蓬勃发展，但目前还是没有较好的商业化工具，能够结合企业内部的流程和人员，提高安全运营效率。

二是业界对安全运营尚未形成统一的认知和完整的方法论。企业普遍缺乏对安全运营的全面理解，安全运营组织架构、工具平台、流程机制、有效性验证等落地关键点未成体系。大家思路各异，没有形成统一的安全运营标准。

三是安全运营人才的缺乏。安全运营所需要的人才，除了代码高手和"挖洞"专家；更急需的应该是既熟悉企业业务，也熟悉安全业务，同时能够熟练运用各种安全技术和产品，快速发现问题，快速解决问题，并推动企业安全改进优化的实用型人才。对这一类人才的定向培养，眼下还有很长的路要走。

这套书包含了安全运营的方方面面，像是一个经验丰富的安全专家，从各个维度提供知识、经验和建议，希望更多有志于企业安全建设和安全运营的同仁们共同讨论、共同实践、共同提高，共创安全运营的未来。

《企业安全建设指南》黄皮书作者、"君哥的体历"公众号作者　聂　君

这几年，越来越多的人明白了一个道理：网络安全的本质是人和人的对抗，因此只靠安全产品是不够的，必须有良好的运营服务，才能实现体系化的安全保障。

但是，这话说起容易，做起来就没那么容易了。安全产品看得见摸得着，功能性能指标清楚，硬件产品还能算固定资产。运营服务是什么呢？怎么算钱呢？怎么算做得好不好呢？

这套书对安全运营服务做了分解，并对每个部分的能力建设进行了详细的介绍。对于需求方，这套书能够帮助读者了解除了一般安全产品，还需要构建哪些"看不见"的能力；对于安全行业，则可以用于指导企业更加系统地打造自己的安全运营能力，为客户提供更好的服务。

就当前的环境来说，我觉得这套书的出版恰逢其时，一定会很受欢迎的。希望这套书能够促进各行各业的网络安全走向一个更加科学和健康的轨道。

360集团首席安全官　杜跃进

总序言

　　网络安全的科学本质，是理解、发展和实践网络空间安全的方法。网络安全这一学科，是一个很广泛的类别，涵盖了用于保护网络空间、业务系统和数据免受破坏的技术和实践。工业界、学术界和政府机构都在创建和扩展网络安全知识。网络安全作为一门综合性学科，需要用真实的实践知识来探索和推理我们构建或部署安全体系的"方式和原因"。

　　有人说："在理论上，理论和实践没有区别；在实践中，这两者是有区别的。"理论家认为实践者不了解基本面，导致采用次优的实践；而实践者认为理论家与现实世界的实践脱节。实际上，理论和实践互相印证、相辅相成、不可或缺。彩虹模型正是网络安全领域的典型实践之一，是近两年越来越被重视的话题——"安全运营"的核心要素。2020年RSAC大会提出"人的要素"的主题愿景，表明再好的技术工具、平台和流程，也需要在合适的时间，通过合适的人员配备和配合，才能发挥更大的价值。

　　网络安全中的人为因素是重要且容易被忽视的，众多权威洞察分析报告指出，"在所有安全事件中，占据90%发生概率的前几种事件模式的共同点是与人有直接关联的"。人在网络安全科学与实践中扮演四大类角色：其一，人作为开发人员和设计师，这涉及网络安全从业者经常提到的安全第一道防线、业务内生安全、三同步等概念；其二，人作为用户和消费者，这类人群经常会对网络安全产生不良影响，用户往往被描述为网络安全中最薄弱的环节，网络安全企业肩负着持续提升用户安全意识的责任；其三，人作为协调人和防御者，目标是保护网络、业务、数据和用户，并决定如何达到预期的目标，防御者必须对环境、工具及特定时间的安全状态了如指掌；其四，人作为积极的对手，对手可能是不可预测的、不一致的和不合理的，很难确切知道他们的身份，因为他们很容易在网上伪装和隐藏，更麻烦的是，有些强大的对手在防御者发现攻击行为之前，就已经完成或放弃了特定的攻击。

　　期望这套书为您打开全新的网络安全视野，并能作为网络安全实践中的参考。

范　渊

序言

《解密网络安全彩虹团队非凡实战能力 企业安全体系建设》这套书自2020年出版以来，得到了来自包括教育界（高校安全学科）、安全行业（厂商、行业甲方）、企事业单位和各级安全监管单位的认可和好评，对于指导一个组织单位的安全体系建设、进行安全人才队伍的构建和培养提供了科学的方法论指导及借鉴作用；同时该系列丛书发布之后，也受到了来自社会各界网络安全工作者及安全厂商同行们的关注并围绕"安全体系建设"进行了一系列的话题研讨，其中关于如何进行网络安全人才的培养是我们收到的反馈建议中最热点的话题，诚然，人才始终是网络安全事业发展的核心，但同时也是"阿喀琉斯之踵"——如何科学有效和可持续地进行网络安全人才培养，引起了网络安全行业、社会各界乃至国家网络安全监管机构的关注和思考，教育界、安全行业和一些有志于网络安全事业发展的有识之士也在网络安全人才培养和人才体系建设方面进行了摸索和实践；基于自身业务发展的需求和出于对网络安全事业发展的高度责任感，安恒信息也在网络安全人才体系建设和人才培养方面，进行了卓有成效的探索和实践，形成了一套适用于安恒信息及其客户的网络安全人才培养的方法论。基于此，我们将安恒信息在网络安全人才体系建设实践中如何培养网络安全人才积累的经验和方法进行了浓缩总结，在此分享给大家，期望对大家在如何进行网络安全人才培养和人才体系建设方面有所帮助。

《九维彩虹团队之网络安全人才培养》是这套书中的橙队分册。什么是橙队？这在彩虹团队的能力模型架构中可以看出，橙队的主要职责如下。

"赋能"——培养团队安全意识、体系化引导能力提升和弥补安全知识缺陷都是橙队的主要职责，在这里实际上有一个认知误区，那就是橙队实际上是需要精通所有的网络安全理论体系和知识技能，但这明显又存在一个悖论——除了管理者（"白队"），其他七个团队为什么还需要存在并且有其特定的定位、拥有特定的技能来使其完成对应的任务呢？那么回归到橙队的原始定位"赋能"，实际上橙队的主要任务是在白队的领导和授权下、"启发、引导"其他能力团队进行知识体系的建设和基于知识体系进行能力补齐和加强，为企业的安全体系建设中的人才体系建设进行总体负责，同时还肩负着对组织内非网络安全岗位的人员进行安全意识培养的重要任务，所以说橙队是企业安全体系建设中人才体系建设里的"引导者"，在安全的核心要素"人"这里起到的是"师者"的作用；古人云，"师者，所以传道授业解惑也"，如何培养适用于组织自身网络安全体系建设需要、能够胜任网络安全工作细分领域中的相关工作岗位、完成企业安全体系建设中专业细分领域的能力建设工作，是企业网络安全战略落地和体系建设成功的关键，橙队书籍将结合对全球网络安全产业人才发展情况、发达国家如何进行网络安全人才培养、我国网络安全产业发展和网络安全人才培养现状等进行系统、全面的梳理之后，站在安全厂商的角度，来系统论述如何科学高效地培养网络安全人才和进行网络安全人才体系建设。

在本书的最后章节（附录），安恒信息以自身业务对于安全人才的需求为例，以安恒信息数字人才创研院开发的网络安全人才培养模型TASK为人才培养模型举例，结合安恒信息十多年来丰富的网络安全行业实践经验，对目前在安全行业最为紧缺的基层安全岗位——"安全服务工程师"进行了基于"任务、能力、技能、知识"四个方面的岗位解析，期望为党政机关、企事业单位和相关行业、社会团体合法合规地进行网络安全人才培养提供有价值的参考。

编　者

目　录

九维彩虹团队之网络安全人才培养

第 1 章 网络安全产业人才发展概况

自20世纪人类发明计算机和网络以来，计算机和网络技术得到了迅猛发展，人类社会进入了信息化时代。随着越来越多的关键信息基础设施和信息系统接入网络，网络在给人类带来便利的同时，网络安全也对人类社会产生了越来越大的影响。网络攻击不但对政治、经济、文化等造成严重威胁，甚至可直接对物理设施和人身安全造成直接危害。因此，越来越多的国家，将网络空间列入了与陆、海、空、天并列的"第五空间"，成为国家主权建设的新领域。

人类进入21世纪后，网络对社会的影响进一步加剧。以美国为首的发达国家，率先将网络空间作为战略空间和新的霸权空间，不断加强网络空间军事优势、技术优势和人才优势。近几年来，网络空间的发展，呈现出以下几个特点。

一是各国均加大了对网络空间安全的重视，不断发展网络空间力量。美国、英国、以色列、印度、韩国、日本等国家，都加大了网络空间力量的投入。近年来，全球范围内爆发了一些影响非常大的网络安全事件，包括震网事件、棱镜门事件、委内瑞拉大停电事件、俄罗斯大停电、美国科洛尼尔输油管道公司被黑客袭击并支付给黑客巨额赎金、美国东海岸大面积断网事件以及被披露的美国NSA的Vault 7武器库、方程式组织的网络武器库等。这些事件显示，世界各国面临着网络安全领域的巨大威胁。各国政府纷纷通过联合盟友，扩大多边合作，构建网络安全国际联盟，以保障自身在网络安全产业的地位。

二是全球网络空间对抗程度加剧，一些关键信息基础设施面临巨大的网络攻击风险，网络安全已经成为关系到国家安全、社会安定的全球性问题。2019年，委内瑞拉多次遭遇网络攻击，导致全国大面积停电，人们生活受到严重影响。2020年，我国工业控制系统网络资产持续遭受扫描嗅探日均超2万次。

三是新兴技术的出现和广泛应用，在与网络安全深度融合的同时，更加大了网络安全的重要性，同时也扩大了网络安全人才缺口。当前，新型技术，包括云计算、物联网、大数据、工业控制网络、移动互联网、人工智能、区块链以及量子计算等技术，这些新兴技术极大促进了数字经济的发展，但是伴生而来的网络安全问题，在推动网络安全产业发展的同时，更加深了网络安全对整个社会的影响。例如，人工智能与网络安全防御工作深度融合，可用于构建人机协作的网络安全防御新格局。2020年，人工智能在威胁检测与分类、密码保护与身份验证、漏洞管理等方面发挥突出作用，可有效提升网络安全的工作效率。美国市场调查与咨询公司Markets and Markets发布报告指出，预计到2026年，人工智能在网络安全市场中的价值将从2019年的88亿美元增长到382亿美元，最高复合年增长率为23.3%。区块链与其他网络新技术新应用的融合应用实践，可提升网络的安全性。例如，2020年，美国咨询公司Gartner调查显示，当前大多数物联网行业的"佼佼者"均将区块链作为推动物联网发展的重要底层技术，以解决物联网应用中的数据安全、溯源、可信与定价等问题，有效降低网络威胁对物联网的危害性。量子通信应用研究与商用布局同步推进，成为网络安全发展的新方向。2020年，美国通信运营商Verizon就量子密钥分发技术在全美范围内进行测试；日本政府携手12家科研机构、私营企业布局量子通信商用落地。

网络空间的竞争，归根结底是人才的竞争。在保卫国家利益、扶持网络安全产业发展、寻求国际合作的同时，各国都加大了对网络安全人才培养的重视和扶持力度。网络安全人才的培养，已经不仅仅是一个学科、几个专业的教育问题，而是上升为国家安全力量的储备和持续供应问题，不得不认真对待。

根据（ISC）² 2020年11月发布的《2020（ISC）²网络安全人力研究报告》显示，全球网络安全人力首次出现缺口同比减少的现象，主要原因是由于进入该行业的人才增多，以及新冠肺炎疫情带给经济的不确定需求，但仍然存在超过300万的人才缺口。研究显示，网络安全行业在全球范围内经历了大幅增长，目前该领域的从业人员已增加到350万人，比去年的预估增加了70万人，全球网络安全人力短缺情况也得到缓解，从去年报告的407万短缺人数降至312万。数据显示，目前该领域的就业人数在美国需要增长约41%，在全球需要增长89%，才能填补人才缺口。

可见，当前全球网络安全产业人才需求量非常大，网络安全人才供不应求。一方面由于全球出现的大量网络攻击，导致网络安全事件频发，大量的关键信息基础设施和工业控制系统面临网络安全攻击，网络安全产业人才需求非常旺盛；另一方面，很多国家都愈加重视网络安全工作，急需大量的网络安全人才。网络安全人才的成长具有非常突出的实践性，而且成长周期较长，因此，在短期内全球网络安全人才短缺的状态难以得到有效缓解，还将持续较长时间。

1.1 美国网络安全产业人才发展分析

美国作为互联网技术的发源地和网络强国，历来非常重视网络安全人才的培养。美国政府对网络安全的重视由来已久，而且不断推出相应的扶持鼓励新政。美国早在2003年就首次从国家层面将提高网络安全意识与培训计划写入了《网络空间安全国家战略》。将教育计划涵盖范围由联邦政府公职人员技能培训扩大为整个国家层面的网络安全从业人员能力培训、在校学生网络安全教育和普通公众的网络安全意识教育。从发现、培养、招募、留用四个层面提出了改进网络安全人才管理模式的具体行动目标和实施对策。

1.1.1　美国网络安全产业人才发展现状

当前，网络安全人才荒已成为全球性问题，美国的网络安全人才数量亦面临着较大缺口。根据美国CyberSeek项目的统计数据显示，截至2020年5月，美国的网络安全专业人才缺口约为41.5万名。截至2021年5月，美国境内大约有46.5万个网络安全方面的职位空缺。

1.1.2　美国政府加强网络安全人才建设的举措

1. 提升全民网络安全意识

美国从2002年起，将每年的10月份定为"全国网络安全意识月"，旨在提升公众的网络信息安全意识，教育公众都应当为确保网络空间安全做出贡献。每年的"全国网络安全意识月"都设有特定主题，并且该月的每周都会设置特定的关键主题。

以2014年10月的"全国网络安全意识月"为例，第一周的活动主题是"停止—思考—连接"活动，即要倡导安全的上网活动，其重点是提供了诸如设置足够强度的密码，并且不要与任何人共享；保持计算机操作系统、浏览器和其他关键软件及时升级更新；尽量减少在互联网上提供个人信息，并且使用隐私设置来避免信息泄露等建议。第二周的活动主题是"安全开发信息技术产品"，重点是教育公众在计算机、平板电脑、智能手机等信息技术产品的开发过程中嵌入注入网络信息安全方面的要素。第三周的活动主题是"关键基础设施安全与物联网"，主要关注关键基础设施安全的重要性，同时告诉公众要对所有设备施加保护。第四周的活动主题是"中小企业网络安全"，主要展示可以用来保护中小企业的新技术和商业模式。第五周的活动主题是"网络犯罪与执法"，主要是倡导与执法机构同行，同时，告诉公众如何避免成为网络犯罪的受害者。

2. 建立网络安全人才标准框架

网络安全行业技术更新快，而且职业领域广泛，可细分为众多的专业领域和岗位角色。2017年8月，美国商务部国家标准与技术研究院（NIST）发布了《SP800-181 NICE 网络安全人才队伍框架》，作为美国的网络安全人才标准。该框架将网络安全工作划分为7大类别、32个专业领域，共38种工作角色，并梳理了与这些工作角色相关的2000余条任务、知识、技能和能力（KSA）要求。通过建立网络安全人才标准，为美国网络安全人才培养提供了一种参考，有利于形成统一的人才标准，为美国的网络安全产业积累了人才资源。

3. 构建人才交流机制，扩大人才来源

为解决美国政府网络安全人才短缺的问题，美国建立了公私部门人才交流机制，借力民间智力资源拓宽人才途径。通过构建灵活的人才交流机制，降低了网络安全人才培养成本，提高了人才资源的使用效率，在一定程度上缓解了网络安全人才短缺的问题。

4. 采用灵活的人才交流机制和薪酬激励

随着美国公私部门网络安全人才争夺战的愈演愈烈，为增加政府部门对网络安全人才的吸引力，美国联邦政府通过采取优化人才招募流程、提升薪酬待遇等举措，争夺网络安全人才。

根据2020年由The Hacker News发起的线上网络安全薪酬调查，参与美国情报部门招聘的人数超过1500名，涵盖了安全分析师/威胁情报专员、安全/云安全架构师、网络安全工程师、渗透测试人员和安全总监/经理等职位。调查结果显示，网络安全从业者的薪资普遍偏高，而且很多岗位还有1%~10%的年度奖金。

很多机构还通过提高网络安全人才的薪资，提供灵活的招聘机制，更好地吸引和留住网络安全人才，为组织效力。

5. 打造网络安全人才训练环境

美国在网络安全人才培养方面，还非常注重打造各类网络靶场、实训平台以及网络战指挥平台，为网络安全人才成长和网络战做准备。

在网络安全训练环境建设方面，美国非常慷慨。先后建设了国家网络靶场、持续网络训练环境（PCTE）、联合通用接入平台（JCAP）、统一平台（UP）等多个网络战和网络攻防训练环境项目。

（1）美国国家网络靶场建设。

2011年，美国国防部高级研究计划局（DARPA）倡议组建美国国家网络靶场。2012年洛克希德·马丁公司，约翰·霍普金斯大学等多家机构均参与了设计与建设工作，整个靶场投资超过5亿美元。美军的构想是将国家网络靶场建设成为实施先进网络研究和测试的独立设施，通过使用硬件和软件自动化工具，可以快速配置并模拟复杂的大规模异构网络。国家网络靶场安装了大量软件工具和传感器，使网络战专家能够研究诸如蠕虫和病毒在内的多种网络威胁，了解自身行为的影响和潜在的防御手段，同时方便技术人员在测试完成后快速清理查杀并重新配置参数。

国家网络靶场寻求提供一种在安全和现实的环境中测试真实网络战能力的方法。国家网络靶场能够防范靶场内部发起的分布式拒绝服务（DoS）攻击、阻绝测试平台上安装的恶意软件外溢、防止未授权登录和读取，以及在数据溢出测试边界的同时进行存档。国家网络靶场能够隔离测试平台，以确保其在不同安全性和灵敏度水平下同时进行多项测试，并防止当前平台通过外溢恶意代码、技术或特征对其他测试平台造成干扰。

专家指出，国家网络靶场的最大优点在于重新配置网络参数的速度较快、可模拟网络的多样性较丰富，以及同时处理不同类型、不同层次的多个任务时灵活性较强。而且能够提供先进网络研究和新能力开发服务，能够对恶意软件进行分析、开展网络训练和演习，并对云计算和存储架构提供安全保护。

（2）持续网络训练环境（PCTE）。

美国于2017年启动了持续网络训练环境（PCTE）建设，利用云端平台方式满足分散各地、各军种网络作战部队的统一网络训练环境,是美国继NCR之后又一重量级网络靶场建设项目。PCTE是基于混合式云端服务训练平台,旨在通过高度接近真实的虚拟环境,为美军网络任务部队提供针对个人、团队、部队军种级别的标准化网络训练场景服务,实现点对点规划、准备、执行和评估网络作战演练,全方位增强美国网络任务部队的全频谱训练水平与战备状态。

作为一个可扩展的强大云端网络空间作战虚拟培训平台,PCTE除了具有高保真性,还具有足够的灵活性,可支持美军网络作战部队全天候从世界各地连接平台,可以同时为个人、团队、整个军种提供实训服务。网络任务部队以攻击、防御等多角色,在模拟演习的混合式战斗中学习和制定虚拟战场策略。

(3)联合通用接入平台(JCAP)建设。

美国除了在网络安全人才培训方面投入巨大,在网络战争指挥平台及网络战士训练方面的投入,同样非常巨大。

联合通用接入平台(JCAP)是美军下一代网络战争武器平台之一,将于2024财年交付使用。该平台交付后将取代美国网络司令部目前使用的所有网络战争基础设施,并作为司令部网络战单位向敌方网络目标"投放网络火力"的核心网络战争武器平台。美国国防部还与ManTech公司签署了一份2.65亿美元的项目合同,以支持该网络战争平台后续3年的项目开发和交付。

(4)其他相关平台建设。

联合网络指挥与控制(JCC2)平台,为美军决策机关提供网络战相关的态势感知、战场管理及美军全球网络战单位战斗力储备等支持。

统一平台(UP)可汇聚并分析所有网络攻防对抗数据的大型系统,号称美国及其盟友发动网络攻击的"网络航空母舰"。

6. 开展网络演习,提升实战能力

除了建设各类网络靶场、实训平台以及网络战指挥平台,美军还通过各种演习演练,全面提升网络安全人才和网络战部队的综合实战能力。主要的演练项目包括网络风暴系列演习、网络卫士系列演习、网络旗帜演习和网络盾牌演习等。

(1)网络风暴系列演习。

网络风暴系列演习是美国国土安全部(DHS)定期组织的系列大型网络安全演习活动,该活动从2006年2月开始,每两年一次。

网络风暴系列演习一般包含为期3天左右的实战演习,演习结束后会进行战后分析研讨并形成总结。网络风暴系列演习后来发展为以美国为主导,涉及全球多个合作伙伴的大型网络演习,旨在加强公私领域、跨国间的网络应急协调和情报共享能力。网络风暴系列演习的重点,是提升演练参与者对网络攻击的准备,防护和应急响应能力,评估信息共享机制和通信途径等。作为网络空间安全演习、攻防对抗的标杆之一,该活动的举办对于提高参演方应急响应能力有着非常重要的作用。

其中2020年8月举行的风暴演习，参与单位包括联邦机构、州政府和地方政府以及一些重要基础设施领域的合作伙伴等200余家超过2000人参与，达到历届演习活动之最。此次演习活动场地分布在整个欧洲的几个中心地带，并由演练控制中心统一协调。参加演习的人员来自欧盟各成员国的网络应急机构、电信、能源企业、网络安全部门、金融机构、互联网服务提供商、化工、通信、金融服务、医疗保健和公共卫生、IT、运输业以及关键的制造业等行业。此次演习的实战部分包含3天，分为攻防两组进行模拟网络攻防对抗，攻击方通过网络技术、社工手段、物理破坏手段，攻击能源、金融、交通等关键信息基础设施；防守方负责搜集攻击部门的相关信息，评估并强化网络筹备工作、检查事件响应流程并提升信息共享能力。

（2）网络卫士（Cyber Guard）系列演习。

网络卫士（Cyber Guard）系列演习是由美国网络司令部、美国国土安全部和美国联邦调查局联合举办的一年一度的网络演习，主要演练针对美国关键基础设施的破坏性网络攻击，进行全国一体化响应。网络卫士（Cyber Guard）2017设定的场景就是在全国范围内，网络攻击造成的系统中断会破坏水电大坝，航运港口和电网，与此同时金融、政府等办公机构全部被入侵。

（3）网络旗帜（Cyber Flag）演习。

网络旗帜（Cyber Flag）演习是由美国网络司令部举办的一年一度的联合网络空间训练演习，主要参演人员为美国的网络空间部队，首次网络旗帜演习开始于2011年。以2017年的网络旗帜（Cyber Flag）演习为例，该演习共有19支小组参加，英国、澳大利亚、新西兰、加拿大等国家都有代表参加。该演习的假想敌由来自军队、美国政府、联盟伙伴和商业行业的38个不同专业组织的100名侵略者组成。他们模仿黑客的战术、技术和程序，以提供尽可能真实的环境。在2017年的演习中增加了网络安全服务提供商的角色，因此网络任务部队在演习中还需要探索与网络安全服务提供商沟通合作的方法。

（4）网络盾牌（Cyber Shield）演习。

网络盾牌（Cyber Shield）演习是美国国民警卫队组织的一年一度的以防御为重点的网络演习。在网络盾牌（Cyber Shield）演习中共包括四支重要的力量，即红队、蓝队、金队和白队。红队成员充当的是敌对黑客，其主要作用是挑战并激发蓝队网络战士的极限。红队会在目标网络中移动，利用网络中的漏洞，窃取数据并试图搞破坏。蓝队成员充当的网络防御行动人员，面对红队成员的攻击，蓝队成员会努力保护基础设施，抵御红队的攻击威胁。金队负责训练并指导蓝队。白队成员负责评估蓝队的表现。

通过搭建先进的网络训练环境，开展网络演习，特别是全球范围内的网络对抗演习，一方面提升了网络安全人才的实战能力，另一方面，通过对抗演习，对训练环境可进行进一步优化，形成良性循环，从而提高网络安全人才培养效益。

7. 加大国家投入，打造网络安全人才队伍

充足的经费投入，是网络安全人才成长的经济保障。从美国在网络安全领域近年来的投入情况可以看到，美国在网络安全领域的投入是非常巨大的，而且经费预算和实际花费也是连年增加的。据报道，2020财年美国网络安全的实际花费达到了184亿美元。

1.1.3　美国网络安全产业人才培养特点

美国的网络安全产业和网络安全人才培养，呈现了以下几个方面的特点。

一是网络安全作为国家战略，美国政府非常重视网络安全，连年投入巨大。

二是网络安全产业发展旺盛，网络安全人才培养体系完善，形成了网络安全人才标准、网络安全人才认证、网络靶场和网络演练等，全方位的网络安全人才培养体系。

三是美国的网络安全产业发达，具有得天独厚的条件，美国掌握着芯片技术、互联网和计算机技术、软件研发等很多方面的核心技术，这些技术成为美国在网络安全方面得天独厚的优势。

1.2　欧盟网络安全人才培养

1.2.1　欧盟网络安全发展举措

欧盟委员会很早就从战略高度关注网络信息安全问题，早在2004年就成立了"欧洲网络与信息安全局"（ENISA），并赋予该部门强制性介入成员国网络信息安全战略的角色，负责组织、协调欧盟各成员国的网络信息安全战略规划、实践、基础设施保护和应急响应等工作，包括各成员国为了提升国民信息安全素养应当采取的各项措施。

欧盟委员会在2010年8月出台了《数字欧洲计划》，并专门开辟了"可信与安全"章节来阐述提升公众网络安全防范意识和能力的重要性以及各成员国应当采取的各项措施，具体包括：要求欧洲网络与信息安全局在2013年提出一份"网络安全资格"实施建议，提高信息技术行业人员的业务能力；计划2014年开始举办网络安全锦标赛，鼓励大学生参与网络安全建设；要求各成员国从2013年起每年举办"网络安全月"，制定国家网络安全培训计划，并从2014年起在学校提供网络安全培训课程，为计算机专业的大学生提供专门的网络安全培训，为政府公务人员提供基础培训。

欧盟委员会在2012年10月1日首次启动了全欧洲的试点项目——"欧洲网络安全月"（ECSM）活动。从2013年开始，欧盟委员会正式将每年10月定为"欧洲网络安全月"，其活动时间为每年的10月份，其目标是提升公众网络安全意识，改善他们对网络安全威胁的理解，利用电视或电台每日广告、社交媒体活动、有奖竞猜、新闻报道、会议研讨、学生交流会等平台，向公众提供最新的网络安全信息。

2013年2月，欧盟发布的《网络安全战略》提出，各成员国要在国家层面重视网络安全方面的教育与培训，学校要开展网络安全培训，对计算机科学专业学生进行网络安全、网络软件开发以及个人数据保护的培训，对公务员进行网络安全方面的培训。

2014年10月欧盟网络与信息安全局发布了《欧洲网络信息安全教育项目路线图》（Roadmap for NIS education programs in Europe），该报告的重点用户是网络信息安全教育领域的教育工作者。其次是网络信息安全教育领域的政策制定者，他们能够决定哪些课程应该进入教育领域。该报告建议针对公众出台网络信息安全教育领域的"欧洲通行证"（Europass）；为广大教师部署更好的继续教育项目，强化他们的多种角色；欧洲有关组织和部门应该开始开发网络信息安全大规模在线开放课程（MOOCs）；为健康领域的实践者、律师和数字安全专家、中小企业的有关人员以及数字取证方面的继续教育专业人才提供一系列网络信息安全培训课程。

欧盟委员会、欧洲网络和信息安全局（ENISA）一直非常关注网络安全人才队伍建设工作。发布了多个提案和报告，围绕网络安全技能短缺内涵和现状、网络安全教育和培训面临的挑战、网络安全学位认证、欧盟数字和网络安全教育政策等，提出重新设计教育和培训方式，从而改善当前网络安全教育中的问题，重新定义网络安全专业人才进入劳动力市场后应该掌握的知识和技能，从根本上改变网络安全技能短缺的现状。

针对网络安全人才巨大的缺口，欧盟也采取了很多措施，扩张网络安全人才培养规模、提升网络安全人才培养质量。欧盟在网络安全人才培养方面，除了从网络安全意识、网络安全技术培训、网络安全教育资源建设等方面着手，还利用网络演习锻炼和提升网络安全人才的实战能力。

1.2.2 欧盟网络安全演习活动

1. "网络欧洲"网络战演习

"网络欧洲"网络战演习于2010年11月首次在全欧洲范围内举行。此次演练是欧盟成员国首次自发组织的，英国、法国、意大利等22个欧盟成员国正式参与，3个非欧盟成员国和欧盟其他5个成员国作为观察员参加。

整个演练仅持续了7个小时，防御方却化解了320次涉及瘫痪欧洲互联网和关键在线服务的黑客攻击，平均每小时多达46次，并且在安防体系的科学性得到验证的同时，强化了各国之间的沟通，提高了欧盟成员国之间的协同能力。

"网络欧洲"演习自2010年首次举办以来，至今已成功举办了6次，平均每两年举办一次。"网络欧洲"演习是欧盟网络与信息安全局目前主办的最大规模活动。"网络欧洲"演习通过模拟大规模的针对关键信息基础设施的网络安全事件，为参与方营造一个虚拟的演习环境，参与方在其中需要应对复杂的业务可持续性挑战和风险管理方面的挑战，以多种协同的方式对具体的高级的网络安全事件进行分析和响应。演习活动会选取不同的场景，来验证评估各个行业、国家以及整个欧洲的网络安全应急响应能力。演习活动场地分布在欧洲的几个核心区域，并统一由ENISA的控制中心来协调。参加演习的人员来自欧盟各成员国的网络应急机构、电信、能源企业、网络安全部门、金融机构、互联网服务提供商，以及其他私营公司和公共组织。

通过多次演练，欧盟得以不断磨合应急流程和协作效率，并推动了欧盟标准操作流程（EU-SOPs）、欧盟计算机安全事件响应团队网络（CSIRTs Network）等的建立和完善。总体来说，常态化的系列演习活动对于欧盟提升其应急响应能力起到了举足轻重的作用。

"网络欧洲2020"（Cyber Europe 2020）演习由欧盟网络与信息安全局于2020年6月举行，旨在建设网络安全能力，加强欧盟合作并提高医疗健康领域的网络安全意识。

2. Blue OLEx 演习

Blue OLEx演习是由一个成员国每年组织的高级别活动，由欧盟网络信息安全局（ENISA）与欧盟委员会合作支持。它旨在检验欧盟在发生影响欧盟成员国的网络相关危机时的准备情况，并加强国家网络安全监管机构、欧盟委员会和ENISA之间的合作。BLUE OLEx首次试点演习于2019年在巴黎举行。

欧盟网络信息安全局支持欧盟成员国在发生大规模跨境事件时测试并加强实施程序的效率。欧盟网络与信息安全局（ENISA）与罗马尼亚国家网络安全理事会于2021年10月12日共同组织了第三次Blue OLEx演习，以检验欧盟网络危机联络组织网络（CyCLONe）的运营程序。此次演习旨在检验欧盟CyCLONe的标准运营程序，以应对大规模跨境网络危机或影响欧盟公民和企业的网络事件。

网络危机联络组织网络（CyCLONe）是成员国负责网络危机管理的国家监管机构的合作网络，基于欧盟网络与信息安全局提供的工具和支持，协作并开发及时的信息共享和态势感知。

Blue OLEx 2021演习是在网络危机发生时对标准运营流程进行实际评估和可能改进的机会。"Blue OLEx 2021"的结果将用于制定和加强欧盟CyCLONe的标准运营程序，并有助于塑造未来对欧盟大规模跨境网络事件或危机的反应。

1.3　以色列网络安全人才培养情况

2018年5月某国际网络安全调研机构发布的2018全球最热门、最具创新网络安全公司500强名单中，美国公司上榜最多，总共有358家；其次是以色列公司，共计42家。以色列独具特色的人才培养模式是以色列网络安全产业创新发展的重要动力和源泉。

1.3.1　以色列网络安全人才培养体系

以色列奉行"教育立国""没有教育就没有未来"等教育理念，非常重视教育和人才培养。以色列每年在教育上的投入非常大，拥有400多家网络安全企业和50多个跨国研发中心，网络安全实力强大。以色列的网络安全人才培养形成了大学教育、学院教育和军队培训的梯次型人才培养体系。

1. 大学教育培养高水平行业人才

以色列的希伯来大学、特拉维夫大学、海法大学、本·古里安大学、巴伊兰大学、以色列理工大学等在计算机、通信、电子工程、软件工程等学科领域都具有很高的学术和科研水平，是以色列网络安全人才培养的主力军。以色列国家网络局自2011年起在5年内投入6000万美元支持顶尖大学建成多个网络安全研究中心。其中，本·古里安大学的网络安全研究中心专注于病毒、木马的研究分析以及网络威胁情报的搜集、整合、分析、预警。这些研究中心通过丰富的实践型课程项目提高学生的技术能力，引导学生形成攻防兼备的系统安全观。

2. 学院教育培养技能型职业人才

学院教育是以色列高等教育的重要组成，也是大学教育的重要补充。学院主要提供面向网络安全职业培训的非学历教育，与我国的职业教育类似。以色列的职业教育课程设置较为灵活。例如以色列的霍隆技术学院（HIT）在网络安全领域构建了完善的职业技能课程体系，包括计算机架构、操作系统基础、计算机通信基础、通信协议和互联网、网络安全防御、网络安全风险管理、网络通信隔离与区分、防火墙设计、设备安全、通信与信息安全、密码与认证、访问控制、系统信息安全、服务器激活和加固、数据和数据库安全、恶意软件和异常监测、信息泄露、网络安全事件管理与纪录、网络安全事件应对、云计算与主服务器、虚拟化、组织间的信息交互、渗透测试、法律与道德、数据隐私等。这些课程还提供了一半学时的实践内容，用于提升学生的实战能力。

3. 军队培训孕育高素质实战人才

军队培训是以色列网络安全教育的特色。以色列的8200电子战精英部队是全球知名的网络安全部队，该部队对精英人才进行计算机和网络安全方面的系统训练和实战锻炼。这些网络顶尖高手退役后，很多成为以色列网络安全企业的核心人员。

1.3.2　以色列网络安全人才培养特色

以色列的网络安全人才培养特色，主要包括以下几个方面。

1. 将网络安全上升至国家战略进行统筹部署

以色列将网络安全上升至国家战略高度进行统筹部署，不断加大对网络安全产业的支持力度。一是完善顶层设计夯实基础。2013年，以政府推出"前进"计划，将发展网络安全产业提升为国家战略，视之为"国家经济增长的新引擎"。2016年推出的"前进2.0"计划，提出全力打造网络安全产业强国。计划的实施和完善有力推动了以网络安全产业发展。二是政策支持促进创新创业。以色列政府为鼓励网络安全产业创新发展，开展了若干项目以进行扶持，包括对重要发展潜力的网络安全公司提供资金支持等。政府每年投入约5亿美元，给予企业多达20%的薪资补贴，以吸引优秀人才进入行业及成立网络安全新创公司，并积极吸引跨国公司及创投公司来以投资或设立研发中心。谷歌、微软、思科、甲骨文等知名公司均在以色列建立了网络安全研发中心。通过加强跨国公司的沟通协作，以色列企业能够与国际前沿科技无缝接轨。以色列还通过定期召开各类网络安全大会，举办论坛、"网络周"等活动，吸引全球目光，向世界充分展示在网络安全各领域的成果和实力，以色列总理曾多次参加"网络周"并宣讲重要政策和计划，以此促进网络安全产业发展。

2. 网络安全人才成长与产业发展紧密结合

网络安全人才培养离不开产业的发展。以色列通过鼓励、支持网络安全产业发展，为网络安全人才成长，奠定了良好的产业平台。

以色列政府为鼓励网络安全产业创新发展，开展了若干项目以进行扶持，包括对重要发展潜力的网络安全公司提供资金支持等。以政府每年投入约5亿美元，给予企业多达20%的薪资补贴，以吸引优秀人才进入行业及成立网络安全新创公司，并积极吸引跨国公司及创投公司来以投资或设立研发中心。

着力打造网络安全产业创新园区。以色列着力打造了特拉维夫、贝尔谢巴、海法马塔姆等多个网络安全创新园区，加强网络安全资源汇聚和整合，构建强势的网络安全产业生态。通过鼓励国家力量入驻园区，出台优惠扶持政策以及完善配套设施等措施，全面提升网络安全产业竞争力。

以色列网络安全产业的蓬勃发展，为网络安全人才的成长提供了舞台，并且也引导着以色列的人才资源配置向着网络安全领域倾斜。

3. 实施网络安全人才精英计划

在网络安全领域，精英人才的价值是无法衡量的。网络安全人才中有很多是天才、奇才、怪才，需要因材施教，采用特殊方式培养。以色列的"未来科学家"计划依托7所研究型大学，每年招收600名超常儿童，进行基础知识和跨学科思维训练，目标是10年内80%的学生成为科学家、工程师和高级研究员，15年内30%的学生开办高新科技企业。这些顶尖人才，将成为以色列网络安全产业发展的生力军。

以色列还积极引进海外高端人才并吸引留学生回国。以色列以优惠条件招聘国外高水平网络安全领域教师，建设专兼结合的国际化网络安全师资队伍。同时，以色列不断完善网络安全人才评价机制和激励机制等，优化知识产权共享和利益分配机制，在人才入股、技术入股以及税收方面制定专门政策，吸引留学的网络安全人才回国任教或创业。

1.4 英国网络安全人才培养情况

英国是世界上网络和信息化建设最先进的国家之一，其利用网络空间进行商业活动的规模和发展速度都远超欧洲平均水平。网络和信息化建设的高速发展，也使得英国的政治、经济、文化等国家运转和社会生活的各个方面都越来越离不开网络空间。这种对网络空间的高度依赖，加上信息成为国家的重要战略资源以及网络空间存在的开放性、脆弱性、可操纵性等特征，导致英国面临的网络安全威胁日益严重和凸显。英国政府充分认识到维护网络安全对国家安全和利益的战略意义。

1.4.1 英国网络安全战略

2009年6月英国发布首个《英国网络安全战略：网络空间的安全、可靠性和可恢复性》，用以指导和加强国家的网络安全建设。这是英国历史上首个全面的网络安全国家战略文件，在该文件中，英国政府将21世纪确保网络空间安全与19世纪时确保海洋安全、20世纪时确保空中安全的重要性放到同等重要位置，成为最早将网络安全提升至国家战略高度的大国之一。在该文件中，英国政府定义了网络空间的概念与内涵，阐述了国家实施网络安全战略的必要性和指导原则，分析了英国面临的网络安全威胁与挑战，描述了英国网络安全的愿景目标，并提出了实现愿景目标应当采取的行动方略和措施。

该网络安全战略计划为处理一系列网络安全问题提供了框架。主要内容如下。

- 发展网络产业，为英国的高新技术企业创造机遇。
- 利用网络安全战略来拉近政府和产业界的技术差距。
- 增强企业和公民的网络安全忧患意识，为采取保护措施提供建议。
- 加强国际合作，共同完善网络安全法律法规。
- 跟踪网络犯罪和恐怖可疑分子，强化网络犯罪的法律制裁。
- 在政府的网络安全活动和公民个人网络自由上寻求一致。
- 分析潜在的网络安全威胁，完善突发袭击事件应急计划。

根据该计划，英国政府还成立了网络安全办公室和网络安全行动中心，前者负责协调政府各部门的网络安全计划，后者负责协调政府和民间机构主要计算机系统安全保护工作。英国在国家网络安全战略（NCSS）的指导下，启动了多项网络安全计划。

1.4.2 英国网络安全人才计划

为确保优秀网络安全专业人才的持续供应，满足国家网络安全运行的技能需求，英国政府重视采取措施大力加强人才的培训和教育。一是将人才培育纳入国家网络安全战略。英国政府将人才培育作为重点写入了国家网络安全战略，提出要大力培养和持续提供优秀的本土网络安全人才，解决网络安全专家与青少年人才短缺问题，满足公私部门的网络安全人才需求。二是加强青少年网络人才培育。英国政府推出多项针对青少年的教育培训项目或计划，用以储备国家网络安全建设发展所需的网络安全专业人才。例如，启动网络校园项目，面向14岁至18岁的青少年开设为期5年的网络安全课程，用以提升这些青少年的网络安全意识和技能；邀请11岁至17岁的青少年参加网络安全挑战赛等各类竞赛，从中挖掘高潜力人才用以培养"下一代网络安全专家"。三是重视挖掘和培养女性网络人才。除青少年外，英国政府还重视发掘和培养网络安全领域的女性群体，用以充实网络安全人才队伍。

2021年3月，英国政府发布了《竞争时代的全球英国：安全、国防、发展与外交政策综合评估》，设定了"全球英国"的愿景并提出总体目标，同时将网络列为英国核心安全问题。文件提出了四项总体目标：一是通过科学和技术来维持战略优势；二是塑造未来的开放国际秩序；三是加强国内外的安全与防御；四是在国内外建立弹性。

1.5 俄罗斯网络安全人才培养情况

俄罗斯的网络安全产业发展，呈现明显的自主发展、优先发展和重点发展特色，已经形成了成熟的网络安全人才教育体系。但是，目前仍然存在网络安全人才规模不足、高水平网络安全人才短缺等问题。

俄罗斯为进一步完善教学、培训机构体系，联邦科学与高等教育部开始实施创建联邦区信息安全问题教学研究中心的计划。俄罗斯还出台了一系列网络安全人才培养的政策措施，扶持网络安全产业发展，促进网络安全人才培养。

俄罗斯的各级政府机构对网络安全人才的培养都非常重视，采取了教育培训的方式，通过建设相关学科与专业来系统化、批量化地 培养人才。除了由院校培养网络安全人才外，俄罗斯军方也很重视通过选拔招募扩充网络空间战人才。

俄罗斯的网络安全产业人才培养方面，注重法律法规政策支持，并进行网络安全人才培养制定了顶层设计。俄罗斯还发布了多项信息安全专业教育领域的法规政策，为俄罗斯信息安全人才培养和信息安全人才队伍建设构建了科学的顶层设计。

尽管采取了很多措施，但是目前俄罗斯的网络安全人才仍然不足。

1.6 我国网络安全产业人才发展

目前，我国在网络安全领域发布了一系列措施，陆续发布了《中华人民共和国网络安全法》《中华人民共和国数据安全法》《中华人民共和国个人信息保护法》，以及《信息安全技术网络安全等级保护基本要求》（简称"等级保护2.0标准"），极大地推动了我国的网络安全工作。没有网络安全就没有国家安全，我国已经将网络安全纳入了国家安全范畴，网络安全的地位得到普遍认可。自震网事件、棱镜门事件以及被披露的美国NSA的Vault 7武器库、方程式组织的网络武器库等事件以来，网络安全引起了党和国家的高度重视。

网络空间安全是一种非传统的安全，保障网络空间安全的关键因素是人。网络空间的竞争，归根结底是人才的竞争。

1.6.1 我国网络安全产业规模增长较快

依据2022年中国信息通信研究院发布的《中国网络安全产业白皮书（2022年）》，2020年我国网络安全产业规模达到1729亿元。

根据Gartner每年发布的IT关键指标数据，2016—2020年，全球信息安全和风险管理技术与服务支出占IT总支出的比例呈波动态势，保持在3.0%~5.0%之间。而我国在信息安全方面的投入占IT总支出的比例约为1.7%，远远低于国际平均水平。其中，网络安全人才缺乏，是制约网络安全产业发展的一个重要因素。

在2021北京网络安全大会上，工业和信息化部公布的数据显示，2020年我国网络安全产业规模超过了1700亿元，较2015年翻了一番，年均增速超过15%。根据千际投行发布的2021年网络安全行业发展研究报告，预计2026年我国网络安全产业规模可达约4000亿元。

庞大的网络安全产业，需要大量的网络安全人才，新兴技术的出现和快速推广应用，使得网络安全人才缺口进一步增大。因此急需采取有效措施加快网络安全人才的培养规模的扩大和人才培养质量的提高，以满足网络安全行业发展和国家网络空间安全的需要。

1.6.2 网络安全人才培养方面的举措

我国历来非常重视网络安全产业发展。从国家战略、法律政策以及人才培养等方面全面进行扶持。

1. 网络安全纳入国家安全战略

2015年6月，国务院学位委员会发布了《关于增设网络空间安全一级学科的通知》，旨在实施国家安全战略，加快网络空间安全高层次人才培养。2016年，中共中央网络安全和信息化委员会办公室（简称中央网信办）、国家发展和改革委员会、教育部、科技部、工业和信息化部、人力资源和社会保障部等六部委联合发布了《关于加强网络安全学科建设和人才培养的意见》，提出要加快网络安全学科专业和院系建设、加强网络安全教材建设、加强网络安全从业人员在职培训等意见，旨在支持网络安全学院学科专业建设，加快网络安全人才培养，为实施网络强国战略、维护国家网络安全提供强大的人才保障。

2016年11月《中华人民共和国网络安全法》正式颁布，将网络空间作为国家主权空间，明确提出国家支持企业和高等学校、职业学校等教育培训机构开展网络安全相关教育与培训，国家支持采取多种方式培养网络安全人才，促进网络安全人才交流。

2016年12月《国家网络空间安全战略》正式发布，提出实施网络安全人才工程，加强网络安全学科专业建设，打造一流网络安全学院和创新园区，形成有利于人才培养和创新创业的生态环境。

2021年《中华人民共和国数据安全法》、《关键信息基础设施安全保护条例》和《中华人民共和国个人信息保护法》的发布，我国的网络安全法律法规及政策方面的保障更加完善，为我国的网络安全产业发展提供了良好的环境。

2. 多法并举培养网络安全人才

在扶持和鼓励网络安全产业发展的同时，我国也非常重视网络安全人才的培养。目前，我国也已出台了一系列的政策措施，来引导社会培养网络安全人才，加强多层次人才支撑保障，促进创新链、产业链、价值链协同发展，培育健康有序的产业生态，为制造强国、网络强国建设奠定坚实基础。例如将网络安全人才培养纳入国家战略、设立网络空间安全一级学科、选拔扶持国家级一流网络安全学院建设示范项目、创办国家级网络安全人才培养基地、制定网络安全人才能力标准、实施网络安全人才能力认证等重大活动。

建设国家级网络安全学院。2017年8月，国家网络安全学院项目在武汉临空港经济技术开发区动工开建，总用地面积1500亩[①]，总投资50亿元，规划建设网络安全学院、培训学院和研究院，项目将为1万人提供教育培养和专业培训的学习研究及生活的场所。2020年9月29日，武汉临空港经开区的国家网络安全人才与创新基地网络安全学院举行开学典礼，开始招生运行。

网络安全人才战略被推上前所未有的新高度，各项人才措施全面推进，得到了全社会的热烈响应。学历教育方面，网络空间安全学科建设方兴未艾，已建立起本科、硕士和博士等不同层次的人才教育培养体系。目前，全国已有45所高校成立了独立的网络安全学院，170余所高校设立了网络安全相关专业。其中有11所高校入选一流网络安全学院建设示范项目，包括西安电子科技大学、东南大学、武汉大学、北京航空航天大学、四川大学、中国科学技术大学、战略支援部队信息工程大学、华中科技大学、北京邮电大学、上海交通大学、山东大学等。在武汉成立了国家网络安全人才与创新基地。国家通过一系列措施，在网络安全人才培养方面加大投入，进行政策扶持，加快网络安全人才培养规模和培养质量的快速提升。职业培训方面，工业和信息化部人才交流中心积极贯彻网络强国战略，牵头组织揭榜了"工业和信息化重点领域人才能力评价机构"，与诸多高校、研究所及企业在网络安全人才培养方面，通过建立网络安全专业人员专业技能标准、推动标准验证、人才培养验证等工作，规范网络安全人才的培养、认证等工作。

在网络安全人才能力认证方面，开展网络安全认证培训的牵头单位主要包括国家测评中心、中国网络安全审查技术与认证中心、人力资源和社会保障部、各省人社厅以及一些网络安全企业等。这些认证培训包括CISP（注册信息安全专业人员）、CISP-PTE（渗透测试工程师）、CISP-BDSA（注册信息安全专业人员大数据安全分析师）、CISP-CSE（云计算安全工程师）、CISP-ICSSE（工业控制系统安全工程师）、CCSRP（网络与信息安全应急人员）、CISP-IRE（国家注册应急响应工程师）、CISAW（信息安全保障人

[①] 1 亩=666.67m²

员）、CCSK（云计算安全知识认证）、CCRC-CSERE、CCRC-PTE、ECSP等。这些认证类培训，主要是在某一个方向针对具有一定网络安全基础的学员进行的。这些认证培训在一定程度上，缓解了我国网络安全人才紧缺的问题。

3. 我国网络安全人才供需现状

尽管我国在网络安全人才培养方面，付出了巨大的努力，但是我国的网络安全人才队伍整体上还存在着供需失衡、培训偏理论化、内容滞后、人才管理和激励机制不足、顶尖网络安全人才不足等问题，远不能满足信息化建设快速发展的需要。长期以来，我国的网络安全人才市场一直处于供不应求的状态，据估计，目前我国网络安全专业人才缺口累计超过100万，而且网络安全人才缺口还在不断增大，特别明显的感觉是每年的护网时期，通常出现一人难求的局面。我国每年高等院校和各培训机构培养的网络安全专业相关人才约为3万人，加上常规的网络安全人才培养周期较长，通常为3~4年，网络安全人才的成长速度远远落后于社会和相关行业的需求，因此，我国的网络安全人才将长期处于供不应求的状态。

随着国家在网络安全人才培养方面办学规模的不断扩大和教学模式的成熟，网络安全及相关专业的培养规模及质量均在稳步提升，结合不断出台的各项利好政策，网络安全人才缺口将得到一定程度的缓解。

但是，由于网络安全自身的特点，以及传统的网络安全人才的培养模式，网络安全人才的成长仍然需要较长的周期，短期内难以有效弥补网络安全人才缺口。

1.6.3　我国网络安全人才培养特点

目前，网络安全相关法律法规标准逐渐落实，然而国家网络实力提升，还需要网络安全人才的支持。我国在网络安全人才培养方面，主要包括以下几个方面的特点。

一是国家政策扶持。国家颁布了网络安全相关法律法规政策明确鼓励和扶持网络安全人才培养，包括"网络安全法""数据安全法"以及相关政策文件等，均出台了相关的扶持网络安全人才培养的规定，从国家层面鼓励企业和高等学校、职业学校等教育培训机构开展网络安全人才教育培训，采取多种方式培养网络安全人才，促进网络安全人才交流。

二是网络安全人才缺口大，院校培养仍然是主要途径。截至2019年年底，全国共有241所高校设立了网络空间安全类专业244个，2021年30所高校新增"网络空间安全"专业，8所高校新增了"信息安全"专业，2所高校新增了"保密技术"专业，6所高校新增了"密码科学与技术"专业，全国网络安全和信息安全类专业达到290个，每年培养网络安全人才约10万余人。根据2021年国家网络安全宣传周上，工业和信息化部人才交流中心等部门联合发布了的最新版《网络信息安全产业人才发展报告》，当前我国网络安全人才缺口超过140万，我国网络安全人才将在较长时期处于短缺状态。

三是网络安全人才毕业生，实操能力偏弱，高校偏向概念理论学习与研究，企业参与网络安全人才培养深度不足。网络安全专业，是一个实践性很强的专业，院校毕业生在校期间，很少或者基本没有机会到网络安全企业进行实习。尽管一些企业，例如安恒信息，每年都提供一定数量的免费实习岗位，但是无法满足大量毕业生的需要，导致院校毕业生的实操能力整体较弱。另一方面，由于各种条件所限，企业参与网络安全人才培养的深度不足，造成院校毕业生实操能力偏弱，另外，企业难以招聘到合适的网络安全人才，网络安全人才的实操能力，需要在企业内重点培养，增加了企业的用人成本。让更多网络安全企业参与院校人才培养，进行产教融合，可实现院校、企业和网络安全人才多方共赢。

第2章 全球网络安全人才培养分析

2.1 先进国家网络安全人才培养机制分析及启示

在当今信息社会，信息已经成为国家战略资源，与物质、能源共同组成了人类社会赖以生存和发展的三大基础要素。由于网络信息技术的固有缺陷和人为因素，网络信息基础设施受损、网络数据盗窃等一系列网络信息安全问题对国家安全、经济稳定、民众生活造成了严重威胁，引发全球社会普遍关注。

网络安全产业，不仅仅是国民经济发展的一个领域，而且是关乎国家网络空间主权安全的保卫力量。在网络安全领域，人才是起决定性的作用的。网络安全人才的数量和质量以及持续供给，直接关系到国家安全、关键信息基础设施安全、甚至关系到人民生命财产安全，因此，各国都非常重视对网络安全产业的扶持和对网络安全人才的培养。各国在网络安全人才培养方面，采取了非常积极的措施。特别是美国，将网络空间视作与海陆空天并列的"第五空间"，是维持美国利益的新领域。

从全球范围来看，美国在网络安全方面具有得天独厚的优势，而且非常重视网络安全人才的培养，形成了从人才能力标准、制度、训练环境和演习演练相结合的全面的网络安全人才培训体系。各国都在不断完善自己的网络安全人才培养体系，打造自己的网络安全人才培养体系。

各国在网络安全人才培养方面，具有一些共同特点。一是在国家层面，以国家网络安全战略或者网络安全法等不同的形式，确定了网络安全在国家安全中的地位。二是出台税收优惠等积极政策，扶持鼓励网络安全产业发展，为网络安全人才成长提供良好的平台。三是制定灵活的人才流动政策、提高薪资等措施，为网络安全人才提供良好的发展空间。四是通过调整优化网络安全人才教育体系，加快网络安全人才培养和成长，采取常规教育、招聘招募以及特殊教育手段相结合的方法，力争快速形成网络安全人才优势。五是加大在网络安全人才培养、网络安全产业发展等方面的资金投入，尽快改变网络安全人才不足的现状。六是在具体实施层面，采取了提升网络安全意识、制定与具体工作岗位适配的网络安全人才标准，打造网络靶场等训练环境以及进行演习演练、对抗比赛等多种方法，全面加快网络安全人才培养速度、培养规模以及培养质量。

2.2 美国 NICE 网络空间安全人才队伍框架（NCWF）

2.2.1 NCWF 起源与发展

2009年之后，美国信息安全事件频发对未来美国社会、经济、国家安全造成严重影响。因此，美国启动"国家网络空间安全教育计划"（National Initiative for Cybersecurity Education，NICE），期望通过国家的整体布局和行动，在信息安全常识普及、正规学历教育、职业化培训和认证等三个方面开展系统化、规范化的强化工作，来全面提高美国的信息安全能力。2017年8月，美国正式发布了《NICE网络安全人才队伍框架》（以下简称"NCWF"）。

NCWF对网络空间安全领域定义了通用的术语来描述专业范畴、职业路径及其岗位能力和资格认证，对网络空间安全工作进行了分类，并对每种职位的任务，以及所需的"知识、技能、能力"进行了详细的界定，对于开展网络空间安全专业教育、职业培训和认证以及专业人才队伍建设具有重要的指导作用。

制定NCWF的最终目的，就是要规范美国的网络安全人才培养，规定网络安全相关的岗位能力要求，确保美国拥有世界一流的网络安全人才队伍，维持美国在全球的网络霸权地位。

2.2.2 NCWF 的框架结构

NCWF的核心内容涉及7大类别、33个专业领域、52种工作角色，并梳理了这些工作角色相关的1007条任务、630条知识、374种技能和176条能力要求，然后针对不同的角色，分别从任务、知识和技能描述了人才标准。NCWF的框架结构如图2-1所示。

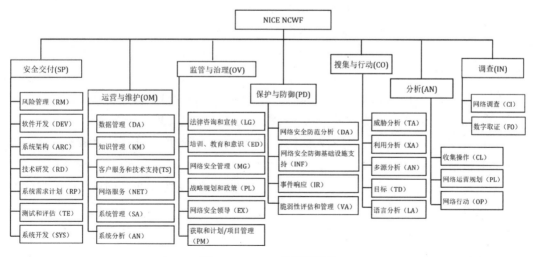

图 2-1　NCWF 的框架结构

NCWF的主要思路是，首先对网络空间领域的人才分为7类，然后对每一类网络安全人才规定并描述了其工作领域，接着对每一个工作领域，指明了相应的工作角色，并对描述了工作角色承担的主要职责；最后，分别确定了不同工作角色承担的任务（Task），具备的知识（Knowledge）、技能（Skill）和能力（Ability）等方面的具体要求。

在2020版更新的《NICE 网络安全人才队伍框架》中，采用任务、技能、知识来描述网络安全岗位/角色对知识和能力的需求。如图2-2所示。

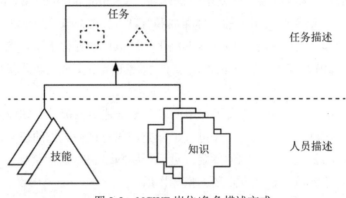

图 2-2　NCWF 岗位/角色描述方式

2.2.3　NCWF 主要内容

1. NCWF 人才类别（Categories）

NCWF提出的网络安全人才7个类别及其描述如下。

安全交付（SP：Securely Provision）：概念化、设计、采购和（或）构建安全的信息技术系统，包括系统和（或）网络开发的各个方面。

运营与维护（OM：Operate and Maintain）：提供必要的支持、管理和维护，以确保有效和高效的信息技术系统性能和安全性。

监管与治理（OV：Oversee and Govern）：提供领导、管理、指导（或开发和宣传），以便组织能够有效地开展网络安全工作。

保护与防御（PR：Protect and Defend）：识别、分析和减轻对内部信息技术系统和（或）网络的威胁。个人感觉主要是入侵检测、防护，漏洞管理等相关的工作。

分析（AN：Analyze）：对输入的网络安全信息进行高度专业化的审查和评估，以确定其对情报的有用性。

搜集与行动（CO：Collect and Operate）：提供可用于开发情报的网络安全信息的搜集，提供专门的拒绝和欺骗行动。

调查（IN：Investigate）：调查与信息技术系统、网络和数字证据有关的网络安全事件或犯罪。

2．NCWF 专业领域（Specialty Areas）

NCWF描述了7类、33个专业领域，NCWF类别与领域描述如表2-1所示。

表 2-1　NCWF 类别与领域描述

类　　别	专业领域	专业领域描述
安全交付（SP）	风险管理（RM）	监督、评估和支持文档化、验证、评估和授权流程，以确保现有和新的信息技术（IT）系统符合组织的网络安全和风险要求。确保符合外部、内部的合规性和保证
	软件开发（DEV）	根据软件保障最佳实践，开发和编写新的（或修改现有的）计算机应用程序，软件或专用实用程序
	系统架构（ARC）	开发系统概念并对系统开发生命周期的功能阶段进行工作；将技术和环境条件（例如法律和法规）转化为系统和安全设计和过程
	技术研发（RD）	进行技术评估和整合过程；提供和支持原型功能和/或评估其实用性
	系统需求计划（RP）	与客户协商搜集和评估功能需求，并将这些需求转化为技术解决方案。为客户提供有关信息系统适用性以满足业务需求的指导
	测试和评估（TE）	开发和进行系统测试，以评估符合规范和要求的方法，通过应用成本效益计划，评估，验证和验证包含 IT 的系统或系统元素的技术，功能和性能特征（包括互操作性）的原则和方法
	系统开发（SYS）	系统开发生命周期的开发工作
操作和维护（OM）	数据管理（DA）	开发和管理允许数据存储，查询和利用的数据库和/或数据管理系统
	知识管理（KM）	管理过程和工具，使组织能够识别、记录和评估情报和信息内容的
	客户服务和技术支持（TS）	解决问题：安装、配置、故障排除，并根据客户要求或咨询（例如分级客户支持）提供维护和培训
	网络服务（NET）	安装、配置、测试、维护和管理网络及其防火墙，包括硬件（如集线器，网桥，交换机，多路复用器，路由器，电缆，代理服务器和保护分发器系统）以及软件允许信息的所有频谱传输的共享和传输，以支持信息和信息系统的安全
	系统管理（SA）	安装、配置、故障排除和维护服务器配置（硬件和软件），以确保其机密性，完整性和可用性。另外，管理账户，防火墙和补丁。负责访问控制，密码和账户创建和管理
	系统分析（AN）	进行系统安全性的集成/测试、操作和维护
监管与治理（OV）	法律咨询和宣传（LG）	就相关主题领域内的各种相关主题向领导和工作人员提供合法的建议和建议。跟踪法律和政策变化，代表客户提出诉讼，不限于广泛的书面和口头工作产品（包括法律简报和诉讼文件）
	培训，教育和意识（ED）	对相关主题领域的人员进行培训
		培训、计划、协调、交付和/或评估培训课程，方法和技巧
	网络安全管理（MG）	监督信息系统或网络的网络安全计划，包括在组织，具体计划或其他责任领域管理信息安全的影响，包括战略、人员、基础设施、要求、政策执行、应急计划、安全意识和其他资源

（续表）

类　　别	专业领域	专业领域描述
	战略规划和政策（PL）	支持组织网络空间安全改进和增强，制定政策、计划、倡导变更
	网络安全领导（EX）	监督、管理和/或领导工作和执行网络安全工作的工作人员
	获取和计划/项目管理（PM）	应用知识（数据、信息、流程、组织交互、技能和分析人员）以及系统、网络和信息交换功能来管理程序
		执行管理职责，管理硬件、软件和信息系统采购计划及其他计划
		为采用信息技术（IT）（包括国家安全系统），采用 IT 相关法律和政策的采购提供直接支持，并在整个采购周期内提供 IT 相关指导
保护与防御（PR）	网络安全防范分析（DA）	使用多源的防御措施和信息，识别、分析和报告网络中发生或可能发生的事件，以保护信息、信息系统和网络免受威胁
	网络安全防御基础设施支持（INF）	测试、实施、部署、维护、审查和管理有效管理基础设施硬件和软件，有效管理计算机网络防御服务提供商的网络和资源，监控网络积极修复未经授权的活动
	事件响应（IR）	响应危机或紧急情况，以缓解即时和潜在的威胁。根据需要使用缓解，准备和响应和恢复方法，最大限度地延长生命的生存，维护财产和信息安全。调查和分析所有相关响应活动
	脆弱性评估和管理（VA）	对威胁和漏洞进行评估；确定与可接受的配置、企业或地方政策差距；评估风险水平；制定和/或推荐适当的缓解对策
分析（AN）	威胁分析（TA）	识别和评估网络安全罪犯或外国情报机构的能力和活动；产生调查结果，以帮助初步化或支持执法和反情报调查或活动
	利用分析（XA）	分析搜集的信息，以确定脆弱性和开发潜力
	多源分析（AN）	分析来自多个来源的情报社区，学科和机构的威胁信息。放置情报信息形成上下文；了解可能的影响
	目标（TD）	适用于一个或多个地区、国家、非国家实体的知识或技术
	语言分析（LA）	应用语言、文化和技术专长来支持其他地区的信息搜集，分析和安全活动
搜集与行动（CO）	搜集操作（CL）	使用适当的策略并通过搜集管理流程确定的优先级执行搜集
	网络运营规划（PL）	执行深入的联合针对性和网络安全规划流程
		搜集信息并制定详细的运行计划和订单。在综合信息和网络空间业务的全方位业务中进行战略和业务层面的规划
	网络行动（OP）	执行活动，搜集犯罪或外国情报机构的证据，以减轻可能的或实时的威胁，防止间谍或内部威胁、外来破坏、国际恐怖主义活动或支持其他情报活动
调查（IN）	网络调查（CI）	适用于多种调查工具和过程的策略，技术和程序，包括但不限于面试和讯问技巧，监视，反监视和监视检测，并适当平衡起诉与情报搜集
	数字取证（FO）	搜集、处理、保存、分析和呈现计算机相关证据，以支持网络脆弱性减轻和/或犯罪，欺诈，反间谍或执法调查

3. NCWF 角色

NCWF描述了52种工作角色，各工作角色描述如表2-2所示。

表 2-2　NCWF 工作角色描述表

领　域	工作角色	角色 ID	工作角色描述
风险管理（RSK）	授权官员/指定代表	SP-RSK-001	高级官员或执行官，有权正式承担在组织运营（包括任务，职能，形象或声誉），组织资产，个人，其他组织和国家可接受的风险水平下运营信息系统的责任（CNSSI 4009）
	安全控制评估员	SP-RSK-002	对信息技术（IT）系统内部采用或继承的管理，运营和技术安全控制和增强控制进行独立综合评估，以确定控制的整体有效性（如 NIST SP 800-37 中所定义）
软件开发（DEV）	软件开发人员	SP-DEV-001	开发，创建，维护和编写/编码新的（或修改现有的）计算机应用程序，软件或专用实用程序
	安全的软件评估	SP-DEV-002	分析新的或现有的计算机应用程序,软件或专用实用程序的安全性并提供可操作的结果
系统架构（ARC）	企业架构师	SP-ARC-001	开发并维护业务，系统和信息流程以支持企业任务需求；开发描述基线和目标体系结构的信息技术（IT）规则和要求
	安全架构师	SP-ARC-002	确保在企业架构的所有方面（包括参考模型，细分市场和解决方案架构以及支持这些任务和业务流程的最终系统）充分解决保护组织的使命和业务流程所需的利益相关方安全需求
技术研发（TRD）	研究和开发专家	SP-TRD-001	开展软件和系统工程和软件系统研究，开发新功能，确保网络安全完全整合。开展全面的技术研究，以评估网络空间系统的潜在脆弱性
系统需求规划（SRP）	系统需求规划员	SP-SRP-001	咨询客户以评估功能需求并将功能需求转化为技术解决方案
测试和评估（TST）	系统测试和评估专家	SP-TST-001	计划，准备并执行系统测试，根据规格和要求评估结果，并分析/报告测试结果
系统开发（SYS）	信息系统安全开发者	SP-SYS-001	在整个系统开发生命周期中设计，开发，测试和评估信息系统安全
	系统开发者	SP-SYS-002	在整个系统开发生命周期中设计，开发，测试和评估信息系统
数据管理（DTA）	数据库管理员	OM-DTA-001	管理允许安全存储，查询，保护和使用数据的数据库和/或数据管理系统
	数据分析师	OM-DTA-002	检查来自多个不同来源的数据，以提供安全和隐私洞察力。设计并实现用于建模，数据挖掘和研究目的的复杂企业级数据集的自定义算法，工作流程和布局
知识管理（KMG）	知识经理	OM-KMG-001	负责流程和工具的管理和管理，使组织能够识别，记录和访问智力资本和信息内容

（续表）

领　域	工作角色	角色 ID	工作角色描述
客户服务和技术支持（STS）	技术支持专家	OM-STS-001	根据既定或批准的组织过程组件（即适用的主事件管理计划），为需要使用客户级硬件和软件的客户提供技术支持
网络服务（NET）	网络运营专家	OM-NET-001	计划，实施和运营网络服务/系统，包括硬件和虚拟环境
系统管理（ADM）	系统管理员	OM-ADM-001	负责设置和维护系统或系统的特定组件（例如，安装，配置和更新硬件和软件；建立和管理用户账户；监督或执行备份和恢复任务；实施操作和技术安全控制；并遵守组织安全政策和程序）
系统分析（ANA）	系统安全分析师	OM-ANA-001	负责分析和开发系统安全的集成，测试，操作和维护
法律咨询和倡导（LGA）	网络法律顾问	OV-LGA-001	就网络法相关主题提供法律咨询和建议
	隐私官/隐私合规经理	OV-LGA-002	开发和监督隐私合规计划和隐私计划人员，支持隐私和安全管理人员及其团队的隐私合规性，治理/政策和事件响应需求
培训，教育和意识（TEA）	网络教育课程开发者	OV-TEA-001	根据教学需求开发，计划，协调和评估网络培训/教育课程，方法和技术
	网络教师	OV-TEA-002	开发并开展网络领域内人员的培训或教育
网络安全管理（MGT）	信息系统安全经理	OV-MGT-001	负责项目，组织，系统或飞地的网络安全
	通信安全（COMSEC）经理	OV-MGT-002	管理组织通信安全（COMSEC）资源的个人（CNSSI 4009）或加密密钥管理系统（CKMS）的密钥管理员
战略规划与政策（SPP）	网络劳动力开发人员和经理	OV-SPP-001	制定网络空间劳动力计划，战略和指导，以支持网络空间劳动力的人力，人员，培训和教育需求，并解决网络空间政策，原则，物资，部队结构以及教育和培训要求的变化
	网络政策和策略规划	OV-SPP-002	制定和维护网络安全计划，战略和政策，以支持和协调组织网络安全举措和法规遵从
行政网络领导力（EXL）	行政网络领导	OV-EXL-001	执行决策权并为组织的网络和网络相关资源和/或运营确定愿景和方向。计划/项目管理（PMA）和收购
项目管理与采购（PMA）	项目经理	OV-PMA-001	领导，协调，沟通，整合，并对项目的整体成功负责，确保与机构或企业优先事项保持一致
	IT 项目经理	OV-PMA-002	直接管理信息技术项目
	产品支持经理	OV-PMA-003	管理现场所需的一揽子支持功能，并保持系统和组件的准备就绪和运营能力
	IT 投资/投资组合经理	OV-PMA-004	管理符合特派团和企业优先事项总体需求的IT投资组合

（续表）

领　域	工作角色	角色 ID	工作角色描述
	IT 计划审计员	OV-PMA-005	对 IT 计划或其各个组件进行评估，以确定是否符合公布的标准
网络防御分析（CDA）	网络防御分析师	PR-CDA-001	使用从各种网络防御工具（例如 IDS 警报，防火墙，网络流量日志）搜集的数据来分析其环境中发生的事件，以减轻威胁
网络防御基础设施支持（INF）	网络防御基础架构支持专家	PR-INF-001	测试，实施，部署，维护和管理基础架构硬件和软件
事件响应（CIR）	网络防御事件响应者	PR-CIR-001	调查，分析并响应网络环境或飞地内的网络事件
漏洞评估和管理（VAM）	漏洞评估分析师	PR-VAM-001	对网络环境或飞地内的系统和网络进行评估，并确定这些系统/网络偏离可接受配置，飞地策略或本地策略的位置。衡量深度防御架构针对已知漏洞的有效性
威胁分析（TWA）	威胁/警告分析师	AN-TWA-001	开发网络指标以保持对高度动态运行环境状态的认识。搜集，处理，分析和传播网络威胁/警告评估
开发分析（EXP）	开发分析师	AN-EXP-001	合作确定通过网络搜集和/或准备活动可以满足的访问和搜集差距。利用所有授权资源和分析技术来渗透目标网络
全源分析（ASA）	全源分析师	AN-ASA-001	分析来自一个或多个来源的数据/信息，以开展环境准备，响应信息请求，并提交情报搜集和生产要求以支持规划和运营
	任务评估专家	AN-ASA-002	制定评估计划和绩效/有效性措施。根据网络活动的要求进行战略和运营效果评估。确定系统是否按预期执行，并为确定运营有效性提供输入
目　标（TGT）	目标开发者	AN-TGT-001	执行目标系统分析，构建和/或维护电子目标文件夹，以包括来自环境准备和/或内部或外部情报源的输入。与合作伙伴目标活动和情报组织协调，并提出候选目标进行审查和验证
	目标网络分析师	AN-TGT-002	对搜集和开源数据进行高级分析，以确保目标的连续性；分析目标及其活动；并开发获取更多目标信息的技术。根据对目标技术，数字网络及其应用程序的了解，确定目标如何进行通信，移动，操作和生活
语言分析（LNG）	多学科语言分析师	AN-LNG-001	应用具有目标/威胁和技术知识的语言和文化专业知识来处理，分析和/或传播从语言，语音和/或图形资料中获取的情报信息。创建并维护特定语言的数据库和工作辅助工具，以支持网络行动执行并确保关键知识共享。提供外语密集或跨学科项目的主题专业知识

（续表）

领　域	工作角色	角色 ID	工作角色描述
搜集操作 （CLO）	全源搜集经理	CO-CLO-001	确定搜集当局和环境；将优先信息要求纳入搜集管理；开发符合领导意图的概念。确定可用搜集资产的能力，确定新的搜集能力；并构建和传播搜集计划。监控任务搜集的执行情况，以确保搜集计划的有效执行
	全源搜集需求管理者	CO-CLO-002	评估搜集操作并开发基于效果的搜集需求策略，使用可用的来源和方法来改进搜集。开发，处理，验证和协调搜集要求的提交。评估搜集资产和搜集操作的性能
网络运营规　划（OPL）	网络 Intel 规划	CO-OPL-001	制定详细的情报计划，以满足网络作战要求。与网络运营规划人员合作确定，验证和征收搜集和分析要求。参与网络行动的选择，验证，同步和执行。同步情报活动以支持网络空间中的组织目标
	网络运营规划	CO-OPL-002	通过与其他计划者，运营商和/或分析师的合作，制定详细的计划，以管理或支持适用范围的网络运营。参与瞄准选择，验证，同步，并在网络行动执行期间实现整合
	合作伙伴集成规划员	CO-OPL-003	致力于推动网络运营合作伙伴之间跨组织或国家边界的合作。通过提供指导，资源和协作来帮助合作伙伴网络团队的整合，以发展最佳实践并促进组织对实现综合网络行动目标的支持。
网络运营（OPS）	网络运营商	CO-OPS-001	进行系统的搜集，处理和/或地理定位以利用，定位和/或跟踪感兴趣的目标。执行网络导航，战术取证分析，并在执行网络操作时执行
网络调查（INV）	网络犯罪调查员	IN-INV-001	使用受控和记录的分析和调查技术识别，搜集，检查和保存证据
数字取证（FOR）	执法/反间谍取证分析师	IN-FOR-001	对基于计算机的犯罪行为进行详细调查，建立文件或物证，包括与网络入侵事件相关的数字媒体和日志
	网络防御取证分析师	IN-FOR-002	分析数字证据并调查计算机安全事件以获取有用的信息，以支持系统/网络漏洞缓解

4. 角色定义

NCWF针对不同的人员角色，给出了角色ID、角色名字，角色简介、人员所属类别、专业领域以及需要掌握的知识、技能、能力以及可承担的任务。例如对于角色软件安全评估员，其ID为：SP-DEV-002；工作领域为软件开发（DEV），所属类别为安全提供（SP）；角色描述为：对新的或已经存在的计算机应用程序，软件或特定工具分析其安全性，并提供可行的结果；角色承担的任务包括T0013等共25个任务；角色需要具备的知识包括K0001等44项；角色需要具备的技能包括S0001等10项，角色需要具备的能力包括A0021等3项（关于任务、知识、技能和能力的详细定义，请查阅NCWF文档），如表2-3所示。

表 2-3 软件安全评估员角色定义

工作角色名称	软件安全评估员
工作角色 ID	SP-DEV-002
专业领域	软件开发（DEV）
类别	安全提供（SP）
工作角色描述	对新的或已经存在的计算机应用程序，软件或特定工具分析其安全性，并提供可行的结果
任务	T0013，T0014，T0022，T0038，T0040，T0100，T0111，T0117，T0118，T0171，T0181，T0217，T0228，T0236，T0266，T0311，T0324，T0337，T0424，T0428，T0436，T0456，T0457，T0516，T0554
知识	K0001，K0002，K0003，K0004，K0005，K0006，K0014，K0016，K0027，K0028，K0039，K0044，K0050，K0051，K0060，K0066，K0068，K0070，K0073，K0079，K0080，K0081，K0082，K0084，K0086，K0105，K0139，K0140，K0152，K0153，K0154，K0170，K0178，K0179，K0199，K0202，K0260，K0261，K0262，K0263，K0322，K0342，K0343，K0624
技能	S0001，S0022，S0031，S0034，S0083，S0135，S0138，S0174，S0175，S0367
能力	A0021，A0123，A0170

SP-DEV-002的技能要求包括以下内容。

● 执行漏洞扫描和漏洞识别；
● 对明确的安全隐患进行加固措施；
● 开发和应用安全系统访问控制的技能；
● 明确信息系统和网络的保护的需求（即安全控制）；
● 将黑匣子安全测试工具集成到软件版本的质量保证过程中；
● 掌握安全测试计划设计（例如单元、集成、系统、验收）；
● 将应用中的公钥基础设施（PKI）加密和数字签名功能用于应用程序；
● 熟练使用代码分析工具；
● 执行根本原因分析。
● 将网络安全和隐私原则应用于组织要求(与机密性，完整性，可用性，认证，不可否认性 相关)的技能。

SP-DEV-002的能力要求包括以下内容。

● 使用和理解复杂的数学概念的能力（例如离散数学）；
● 能够将网络安全和隐私原则应用于组织的安全需求中（关于保密性、完整性、可用性、身份验证、不可抵赖性等）。
● 能够识别关键信息基础设施系统设计中存在的安全问题。

NCWF是紧密贴合美国对网络安全人才的岗位要求而设置的，但是其中很大一部分的任务、知识和技能，具有通用性，对于其他国家制定网络安全人才标准、规范网络安全人才培养及认证等都具有参考意义。

2.3 国际网络安全人员认证分析

网络安全人才培养的另一个重要途径，就是推行网络安全人员能力认证。在国际上，一些知名的网络安全组织都开展了网络安全人才能力认证服务。通过考取相应的证书，网络安全人才的相关知识和技能达到相应的要求，为网络安全人才获得更好的薪资、更大的上升空间奠定基础，成为不少网络安全人才的选择。国际上一些知名的网络安全认证如表2-4所示。

表 2-4　网络安全知名国际认证培训项目

序　　号	认证名称	认证机构
1	CISSP 国际注册信息安全专家	国际信息系统安全认证联盟（ISC）[2]
2	CCSP 国际注册云安全专家	
3	CSSLP 国际注册软件生命周期安全师	
4	ISO27001LA 信息安全管理体系主任审核员	IRCA 国际审核员注册协会
5	ISO20000 IT 服务管理体系主任审核员	
6	ISO22301 业务连续性管理体系主任审核员	
7	ISO27001IA 信息安全管理体系内审员	
8	CISA 国际注册信息系统审计师	ISACA
9	CISM 国际注册信息安全经理	
10	CRISC 风险及信息系统监控认证	
11	CGEIT 企业 IT 治理认证	
12	COBIT 信息技术的控制目标认证	
13	C-CCSK 云计算安全知识认证	CSA 云安全联盟
14	C-CCSSP 注册云安全系统认证专家	
15	Security + 信息安全技术专家	CompTIA
16	GIAC 全球信息保证认证	SANS 协会
17	信息技术基础架构库 ITIL 认证	APMG 或 EXIN
18	运营支持与分析（OSA）	
19	计划保护和优化（PPO）	
20	发布控制与验证（RCV）	
21	服务提供与协议（SOA）	
22	MALC 跨生命周期管理	
23	CBCP 国际业务连续性管理专家认证	DRII 国际灾难恢复协会
24	CCNA-Security	Cisco

这里对几个国际网络安全认证进行重点介绍，包括GIAC、CISSP、CISM、CISA等。

1. GIAC 认证

GIAC（Global Information Assurance Certification）认证主要包括GISF认证和GSEC认证。

GIAC信息安全基础（GISF，GIAC Information Security Fundamentals）——针对IT经理，安全官员和管理员，主要评估考生对于挑战信息资源的威胁的了解，并测试他们识别最佳安全实践的能力。

GIAC安全要素认证（GSEC，GIAC Security Essentials Certification），它针对专业技术人员，如实践经理、新接触这一领域的员工和其他人员。它主要考察安全基础知识，保证考生拥有扎实的安全知识。

GIAC的其他安全认证则针对具体的岗位或安全设备，包括认证防火墙分析师（确认设计、配置和监控路由器、防火墙和其他边界设备所需的知识、技能和能力）、认证入侵分析师（评估考生配置和监控入侵检测系统的知识）、认证事故处理员（考查考生处理事故和攻击的能力）和认证司法辩论分析师（考查考生高效处理正式司法调查的能力）等。

2.（ISC）² 认证

（ISC）²认证是培养和认证信息安全专业人士的全球黄金标准。（ISC）²提供信息安全、系统安全、授权、软件开发、数字取证和保健等领域的认证。（ISC）²的两个主要认证为CISSP认证和SSCP认证。。

CISSP（Certified Information Systems Security Professional）认证：CISSP是全球范围内的专业信息安全认证。CISSP针对信息保障专业人士，以及了解如何定义信息系统架构、设计、控制管理和控制确定企业环境安全的人员。CISSP知识体系涵盖安全领域的重要话题，包括风险管理、云计算、移动安全、应用开发安全等。

SSCP（Systems Security Certified Practitioner）认证：SSCP针对热衷信息安全行业的人员，包括信息保障专业人员，以及了解如何定义信息安全架构、设计、控制管理和控制，以确保企业环境安全。

3. CISM 认证

信息安全经理（CISM）是信息系统审计与控制协会（Information Systems Audit and Control Association，ISACA）推出的认证，为全球公认和认可的认证，可帮助申请人将考试能力与工作和教育经验相结合。CISM可以确保持证人掌握信息安全知识，信息安全项目开发与管理知识。ISACA提供的主要认证包括信息安全经理（CISM）和信息系统审计师（Certified Information Systems Auditor，CISA）；其他认证包括：企业IT治理认证（Certified in the Governance of Enterprise IT，CGEIT）和风险与信息系统控制认证（Certified in Risk and Information Systems Control，CRISC）。

4．CISA 认证

CISA（Certified Information Systems Auditor）认证是针对信息系统审计控制、保障和安全专业人员的全球公认认证。主要考察申请人的审计经验、技能与知识，并证明在企业内评估漏洞、报告合规性和机构控制的能力。

5．ECSA 认证

ECSA（EC-Council Certified Security Analyst）认证是高级道德入侵认证。ECSA认证帮助分析师分析黑客工具和技术效果，以验证道德入侵的分析阶段。利用创新网络渗透测试方法和技术，ECSA可以进行集中评估，以有效识别并缓解基础设施的信息安全风险。ECSA认证专为网络服务器管理员、防火墙管理员、信息安全测试人员、系统管理人员和风险评估专业人员而设计。

2.4 国内网络安全人才培训认证分析

我国也意识到推行网络安全人才能力认证，是培养网络安全人才、提升网络安全人才知识和技能的重要途径。我国的网络安全认证组织主要包括中国信息安全测评中心、中国网络安全审查技术与认证中心、人力资源和社会保障部、工业和信息化部、各省人社厅、公安部、中国通信企业协会、CNCERT、公安部第三研究所、中国密码学会以及知名网络安全公司等。

国内网络安全认证主流的品牌包括CISP、CCSRP和CISAW等。这三家认证品牌平台单位均为网络安全领域的国家级事业单位，在网络安全人员培训认证相关领域有着明显的官方背景和强大的社会影响力。

1．CISP 系列认证

CISP（注册信息安全专业人员）的品牌负责方是中国信息安全测评中心。

CISP品牌的认证体系最初仅有CISP，包括4个子类：CISE、CISO、CISP-A和CISD，分别对应工程师、管理员、审计师和开发人员。近几年该认证体系不断丰富，引入了CISP-CSE、CISP-BDSA、CISP-ICSSE、CISP-PTE/PTS、CISP-IRE、CISP-DSG、CISP-PIP、CISP-F等合作品牌，分别对应云安全、大数据安全、工控安全、渗透测试、应急响应、数据治理、个人信息保护和调查取证等方向的安全从业人员。

2．CISAW 系列认证

CISAW（"信息安全保障人员认证"）的品牌负责方为中国网络安全审查技术与认证中心。

CISAW品牌的认证体系是CISAW下包括三大类认证：预备认证、资格认证（基础级）

和专业认证（专业级和专业高级）。而专业认证子类在近几年不断丰富，在原有的安全集成、风险管理、应急服务、安全软件、安全运维等方向的基础上，新增了电子政务、电子数据取证、网络攻防、网络情报分析、Web安全、工控网络安全、网络舆情分析与处置等。

3. CCSRP认证

CCSRP（网络与信息安全应急人员认证）的品牌负责方是国家计算机网络应急技术处理协调中心。

CCSRP品牌的认证体系是CCSRP下包括两大类认证：第一类为通用信息安全人员认证，分为管理和技术两个方向，每个方向设置不同的等级；第二类则是面向行业的人员认证，诸如通信、电力、石油炼化、轨道交通等行业，能够兼顾不同行业的安全技能要求的差异性。

另外针对行业的认证，例如针对教育和交通行业的认证等。我国主流网络安全认证如表2-5所示。

表2-5 我国主流网络安全认证

序 号	认证名称	证书颁发机构
1	CISP系列认证	中国信息安全测评中心
2	计算机技术和软件专业技术资格考试（信息安全工程师）	人力资源和社会保障部、工业和信息化部
3	信息安全保障人员认证（CISAW），包括：安全集成、风险管理、应急服务、安全运维、安全软件、工控网络安全、能源行业工控系统网络安全、电子数据取证、网络舆情分析与处置、Web安全、CA服务、渗透测试等。	中国网络安全审查技术与认证中心（CCRC）
4	CCSRP网络与信息安全应急响应人员（网络安全管理/技术、网络安全意识、电子数据取证）	国家计算机网络应急技术处理协调中心（CNCERT）
5	CSPE网络安全攻防实践工程师	工业和信息化部人才交流中心
6	信息安全等级保护测评师（等级测评师分为初级、中级和高级）	公安部信息安全等级保护评估中心
7	网络安全人员能力认证（管理类/技术类：基础级、专业级、专家级）	中国通信企业协会

CISP系列认证是中国信息安全测评中心负责的，包括CISP（注册信息安全专业人员）、CISP-PTE（渗透测试工程师）、CISP-BDSA（注册信息安全专业人员大数据安全分析师）、CISP-CSE（云计算安全工程师）、CISP-ICSSE（工业控制系统安全工程师）、CCSRP（网络与信息安全应急人员）、CISP-IRE（国家注册应急响应工程师）、CISAW（信息安全保障人员）、CCSK（云计算安全知识认证）、CCRC-CSERE、CCRC-PTE、ECSP等，中国信息安全测评中心CISP系列认证培训项目如表2-6所示。

表 2-6　中国信息安全测评中心 CISP 系列认证培训项目

序　号	领　域	认证方向
1	信息安全	CISP（注册信息安全专业人员，含 CISE、CISO） CISSP（信息系统安全专业认证） CISAW（注册信息安全保障人员）
2	IT 审计	CISP-A（注册信息系统审计师） CISA（注册信息系统审计师）
3	安全开发	CISD（注册信息安全开发人员）
4	渗透测试	CISP-PTE（注册渗透测试工程师） CISP-PTS（注册渗透测试专家）
5	业务连续性	CISP-IRE（注册应急响应工程师） CISP-DRP（注册信息安全灾难恢复工程师） CCSRP（网络与信息安全应急人员认证）
6	工业控制系统	CISP-ICSSE（注册工业控制系统安全工程师）
7	云计算安全	CISP-CSE（注册云安全工程师） CCSP（注册云安全专家）
8	数据安全	CISP-BDSA（注册大数据安全分析师） CISP-F（注册电子数据取证专业人员）
9	密码技术	CISP-CTE（注册信息安全专业人员-密码技术专家）
10	数据安全	CISP-PIP（注册个人信息保护专业人员） CISP-DSG（注册数据安全治理专业人员）

　　这些认证类培训，主要针对的是具有一定网络安全基础、在某一个方向进行的网络安全培训。这些网络安全认证类培训在一定程度上，缓解了网络安全人才紧缺的问题。

第3章 我国网络安全人才培养现状及挑战

3.1 党和国家高度关注网络安全人才发展

目前，国家高度重视网络信息安全，并出台了多项关于加强网络信息安全人才队伍建设的政策措施，突出人才优先发展战略，为中国移动网络信息安全人才队伍建设指明了方向。并指出，要加强网络安全职业教育和技能培训，培养更多实用技能型人才。推动校企对接，支持设立网络安全联合实验室。鼓励举办高水平网络安全技能竞赛，健全人才发现选拔机制。支持职业技能鉴定机构、行业协会等开展网络安全人员技能鉴定和能力评价工作。

建设网络强国，要有自己过硬的技术、扎实的网络安全实力；要有丰富全面的信息服务，繁荣发展的网络文化；要有良好的信息基础设施，形成实力雄厚的信息经济；要有高素质的网络安全和信息化人才队伍。

作为我国首部网络空间管辖基本法的《中华人民共和国网络安全法》明确要求："国家支持企业和教育培训机构开展网络安全相关教育与培训，采取多种方式培养网络安全人才，促进网络安全人才交流。"

3.2 我国网络安全人才培养需求分析

随着网络安全人才培养战略被推上前所未有的高度，各项人才措施全面推进，得到了全社会的热烈响应。在学历教育方面，网络空间安全学科建设方兴未艾，已建立起本科、硕士和博士等不同层次的人才教育培养体系；在职培训方面，以注册信息安全专业人员认证（CISP）、中国信息安全保障从业人员认证（CISAW）为代表的国家专业人才培养体系，为国家党政军和关键信息基础设施运营单位的安全防护输送了一大批急需的骨干人才。

尽管如此，当前我国网络安全人才队伍整体上还存在着人才供需失衡、教育培训力度缺乏、人才管理和激励机制不完善等不足之处，远远不能满足信息化快速发展的需要。长期以来网络安全人才市场都处于供不应求的状态下，目前我国网络安全专业人才累计缺口预估在140万人以上，而每年网络安全相关专业的高校毕业生规模仅2万余人，由此可见，我国网络安全人才供给仍然存在"断层现象"，人才成长和培养速度显著落后于技术与社会变革的整体速度。但随着院校办学规模的扩大和办学模式的成熟，网安及相关专业的在校生数量及质量均处于稳步提升的状态，结合不断出台的各项利好政策，必将促进网络安全人才供给侧改革，推动网络安全人才培养进行良性发展阶段。

3.2.1　我国网络安全人才培养概述

2021年《网络安全人才发展白皮书》从多个维度对网络安全产业人才培养和发展现状的整体市场形势进行全面的分析，为院校、企事业单位的网络安全人才队伍的培养和建设提供借鉴。

白皮书基于2019年6月至2021年6月的猎聘网求职招聘平台大数据，以及由安恒信息设计、发放并回收的来自党政机关、企事业单位及院校的线上调研问卷数据编写而成。白皮书从网络安全产业人才市场的供需现状出发，对网络安全产业人才需求和人才供给进行了详细的分析和总结，提供了以下结论。

（1）2021年以来，经济快速回温，网络安全产业人才需求高速增长。2021年上半年人才需求总量较去年增长高达39.87%，网络人才队伍在不断扩大；网络安全人才的质量和薪资也在稳步提高，自2019年以来超九成网络安全人才的最高学历为本科及研究生以上，2021年网络安全领域的平均招聘薪酬达到22387元/月，较去年同一时期提高了4.85%，这主要是因为用人单位通过社会招聘网站招募的大多数为中高端人才，薪资待遇会显著高于行业整体的平均工资水平。

（2）网络安全从业者呈现逐渐年轻化态势，80%以上的网络安全从业人员的年龄段集中于25~40岁之间的中青年，同时网络安全人才具有显著的性别特征，男性在网络安全行业仍然占据着主体的地位，占比超70%，这主要是由行业性质和网络安全及相关专业报考学生的性别差异所决定的。

（3）网络安全人才供需严重失衡，不仅体现在数量上，更体现在不同类型人才供给和需求之间的错位上。现阶段由于行业发展特点，人才队伍呈现底部过大，顶部过小的结构，即从事运营与维护、技术支持、管理、风险评估与测试的人员相对较多，从事战略规划、架构设计的人员相对较少，尤其缺乏既懂业务、又懂技术的高端综合人才，"重产品，轻服务，重技术，轻管理"的现象仍很普遍，导致人才的供需矛盾不断加深。

（4）网络安全在各行业的渗透率全面提高，同时网络安全人才分布呈现一定的集中效应，从行业来说，IT信息技术行业和互联网成为网络安全人才的需求大户；从用人单位规模和性质来说，千人以上规模的大（中）型、民营企业抢占了大部分的网络安全人才市场。

（5）参加社会类的网络安全培训已经成为网安从业者的提升技能的主流选择之一，对于培训方向的选择上，从业人员偏向于基础攻防技术、安全管理、安全运营和安全运维及应急响应等方向。

（6）信息安全专业认证已经逐步成为各行各业对信息安全人才认可的方式，信息安全人员持证上岗已经成为大势所趋，网络安全人才多从认可度及权威性考虑考证类型，注册信息安全专业人员（CISP）、信息系统安全专业认证（CISSP）、中国信息安全保障人员认证（CISAW）等证书受到从业者的广泛认可。

（7）对于网络安全及相关专业，受访学生对专业了解程度总体较高。从专业建设情况来看，多数学生对包括课程设置、教学设施等专业培养相关内容较为满意，但仍存在亟待改进之处。从就业规划角度而言，呈现出学生对行业兴趣浓厚，就业热情高涨的态势，选择城市依旧以一线沿海地区为主。

（8）调查显示出行业招聘与学生求职过程中存在信息不对称的现象，使得部分人才在求职过程中因信息渠道受限，而出现就业难的问题。企业对于就业学生的帮助可在多提供实习机会、加强与院校合作及提供培训等方面进行。

3.2.2 网络安全岗位能力要求分析

1. 网络安全产业的人才短缺岗位

网络安全领域目前整体面临人才短缺情况，根据问卷调查显示，53.88%的网络安全行业从业者认为当前公司的网络信息安全人员队伍规模并不能满足当前工作需求，其中10.82%的从业人员认为公司处于人才非常欠缺的状态。从业者认为人才短缺情况突出表现在，熟悉各种网络、系统及应用的安全攻击和防御技术研究的安全研究岗位、具有丰富实战攻防经验的核心技术研发岗位以及具有行业和政策视野的安全管理岗位上。具体而言，如图3-1所示，安全研究岗位人才短缺的占调查总人数的42.96%，是近半数的网安从业者公认的人才短缺岗位，其次是审计与评估、应急响应、安全态势分析、内容安全等技术岗位，均有超30%的从业者认为符合岗位职能的人才仍有所欠缺。值得注意的是，由于近年来，网络安全教学及培训业务兴起，该类型的岗位人才也存在较大的缺口。亟待由学校、企业培训和公共机构多个层面联合，出台更加完备、实战型和业务性更强的体系化训练机制。

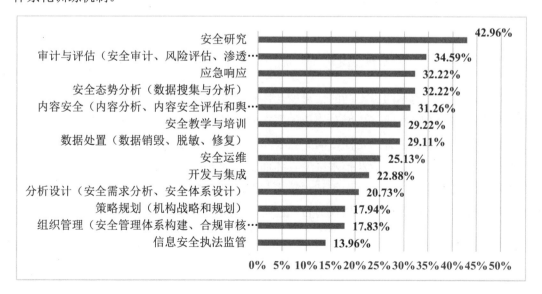

图 3-1　2021 年网络安全人才短缺岗位分布

2. 网络安全相关岗位的能力要求

根据调查样本数据显示，网络安全从业人员认为用人单位在招聘时倾向于寻找工作经验丰富、技术基础扎实、实战能力和沟通交流能力强，同时具备一定的抗压能力的人才，学历文凭和竞赛经验相对而言，并非是用人单位特别注重的能力特质，如图3-2所示。对学历文凭相关数据进一步分析，48.35%的网安从业者认为从事网络信息安全岗位的平均学历水平应在本科及以上，同时也有35.82%的从业者平均学历水平应该视具体岗位而定，这主要是由行业特性所决定的。安全专业人才缺口巨大、实战能力要求高、技术针对性强等特性让网络安全行业对于学历的要求并非如此严格，技术突出、综合素质高的大专毕业生同样也能找到一份好工作。基于此，既不可忽视学历的短板所在，同时也要进一步优化对网络安全及相关专业的人才培养方式，校内增加实践实验课程，校外进行校企合作，全面提升网络安全人才的综合素质。

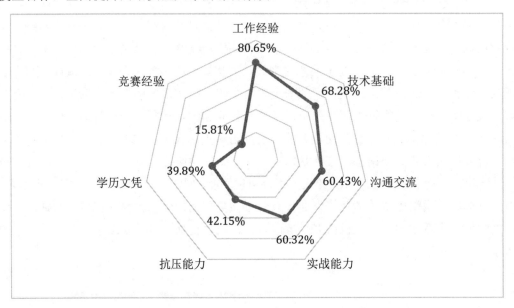

图 3-2　用人单位能力要求分布图

由于岗位性质的不同，不同的信息安全岗位需要具备不同的专业技术和职业能力，但对于人格和行为特质而言，所有岗位的要求都是统一的，积极主动、认真负责、热爱学习都是每个从业者必备的特性，同时还需具备一定的执行与管控能力、沟通与协作能力以及问题解决能力。从专业技术维度具体而言，研发技术岗的要求最高，对于计算机专业知识、网络安全、网络工程等相关技术与原理都需要达到熟悉及精通以上，产品岗位和销售岗位次之，其他岗位相较而言入门水平即可。具体如图3-3所示。

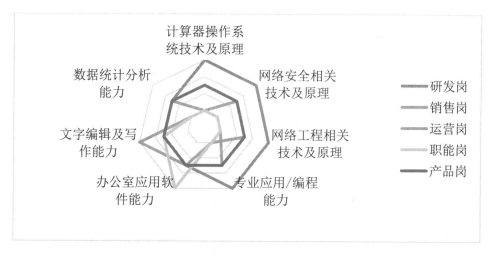

图 3-3　不同岗位专业能力分布图

3.2.3　网络安全产业的需求分析

从各行业对网络安全人才的需求分布来看，需求量最大的是IT信息技术行业和互联网，网络安全人才招聘需求占比总和超七成，其中IT信息技术行业对于网络安全人才的渴求显著高于其他行业，该行业发布的网络安全人才招聘数量占网络安全人才招聘总人数的45.24%，这主要是由其行业性质所决定的。IT信息技术行业一门带有高科技性质的服务性产业，它运用信息手段和技术，搜集、整理、储存、传递信息情报，提供信息服务，因此对于信息安全的保护有高度的需求。不同行业对网络安全人才的需求量分析如图3-4所示。

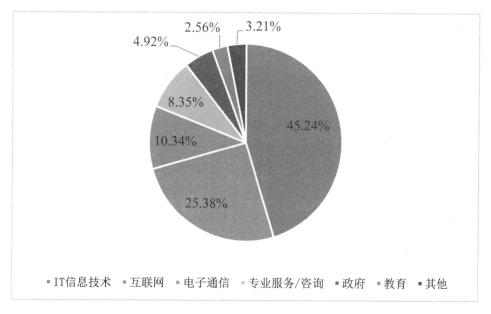

图 3-4　不同行业对网络安全人才的需求量分析

从用人单位的规模和经营性质来看，网络安全行业存在一定的人才集中效应，千人以上规模的大（中）型、民营企业成为网络安全人才市场需求的主力军，民营企业对网络安全人才的需求也大幅上升，央企、大型科研院所、机关直属单位不再是网络安全人才需求大户。

从用人单位规模维度出发，万人规模以上的大型企业对于网络安全类的人才需求最高。面对外部冲击，大型企业的抗压性和稳定性较好，为网络安全产业的平稳发展提供了良好的结构性基础。值得注意的是，百人规模以上的中型企业和中小型企业，对于网络安全人才的需求与日俱增。这表明自等级保护2.0标准正式发布后，提高了对中小型机构的安全等级的要求，中小企业、民营企业的安全人才需求相应提升。

3.3 网络空间安全学科专业发展

3.3.1 我国网络空间安全学科专业发展历程

2015年为实施国家安全战略，加快网络空间安全高层次人才培养，根据《学位授予和人才培养学科目录设置与管理办法》的规定和程序，经专家论证，国务院学位委员会学科评议组评议，报国务院学位委员会批准，决定在"工学"门类下增设"网络空间安全"一级学科，学科代码为"0839"，授予"工学"学位。

2016年12月27日，《国家网络空间安全战略》发布，明确要求"实施网络安全人才工程，加强网络安全学科专业建设，打造一流网络安全学院和创新园区，形成有利于人才培养和创新创业的生态环境"。2016年国务院学位委员会正式下发《国务院学位委员会关于同意增列网络空间安全一级学科博士学位授权点的通知》，清华大学、北京交通大学、山东大学等27所高校获批增列网络空间安全一级学科博士学位授权点，解放军电子工程学院和空军工程大学获批对应调整网络空间安全一级学科博士学位授权点，共计29所高校获得首批网络空间安全一级学科博士学位授权点资格。

2017年9月，国家网络安全宣传周上公布了"一流网络安全学院建设示范项目高校"名单，西安电子科技大学、东南大学、武汉大学、北京航空航天大学、四川大学、中国科学技术大学、信息工程大学等7所高校入围首批一流网络安全学院建设示范项目。2019年国家网络安全宣传周上公布了第二批一流网络安全学院建设示范项目高校名单。分别是：华中科技大学、北京邮电大学、上海交通大学、山东大学。

2019年国家网络安全宣传周网络安全技术高峰论坛上，教育部相关领导指出：目前，已经建设与网络安全直接相关的本科专业有网络空间安全、信息安全、信息对抗技术、保密技术、网络安全与执法5个专业，全国布点233个。其中，网络空间安全本科招生增长率最为突出。研究生方面，网络空间安全一级学科于2015年正式增设。信息与通信工程、计算机科学与技术、软件工程等一级学科，电子信息专业学位领域也与网络信息安全具有相关性。截至2019年5月，42所高校成立了专门的网络空间安全学院或者网络空间安全研究院。

在教育部发布的《2021年度普通高等学校本科专业申报材料公示》中，拟新增的455个本科专业中，共有30所高校新增"网络空间安全"专业，此外还有8所高校新增了"信息安全"专业，2所高校新增了"保密技术"专业，6所高校新增了"密码科学与技术"专业，不难看出，网络安全相关专业已成为高校新兴专业建设的重点方向。

至2021年10月，全国已有45所高校开办了网络安全学院，200余所高校开办了相关专业，每年培养的各层次网络安全人才达到3万余人，但我国的网络安全人才需求仍有很大缺口，如何更好培养网络安全人才、培养什么样的网络安全人才仍然是一个重要命题，我们还需要很多兼具战略家思维、大国工匠技能、红色基因的网络安全人才。此外建设国家网络安全人才与创新基地是对形成人才培养、技术创新、产业发展良性生态的重要探索，希望高校在教授学生技能的同时，不断为国家网络安全工作出谋划策，推动校企合作，形成高校与高校、高校与企业的资源互通，为国家解决实际问题。

3.3.2　我国高校网络安全人才培养面临的挑战

1．网络安全风险持续高发，从业人员的知识储备不足

一些网络安全事件发生的一个重要原因是信息系统运维人员网络安全意识不强，网络安全防护能力欠缺，迫切需要加强对党政机关和企事业单位相关工作人员的教育、培训。

2．现有人才政策和机制精准性、针对性有待提升

人才引进、培育、评价、发展的体系还不够完善，特别是网络安全专业的评价认定渠道还不够畅通。企业间招募网络安全人才的竞争非常激烈，薪酬待遇高，党政机关、国有企事业单位对其吸引力弱，普遍缺乏具有网络安全专业知识基础的专业人员，与快速发展的数字经济相比，网络安全人才远远无法满足需求。

3．岗位实战能力匹配的实训教学环境缺失

网络安全相关专业的学科交叉特性，导致需要大量的课外和校外学习与实践，但实际教学中存在实践教学环境建设方面投入不足，无法构建真正贴近实际生产环境的实践平台等问题，这就导致学生不能很好掌握行业相关实战技能，不能够胜任企业实践能力要求。

4．网络安全领域高端人才还很紧缺，人才供需矛盾突出

当前从事前沿技术网络安全研究的高端人才和团队比较缺乏，滞后于新技术新应用网络安全工作需要。高校在网络安全领域的毕业生培养数量不足，网络安全教育资源分布尚不够平衡。

5．网安专业思政教育的挑战

网络空间安全专业人才不仅需要掌握并善于运用网络空间安全学科的知识，还要具备计算机、通信、电子、数学、管理等交叉学科的知识，以及自然科学和经济、法律、教育等人文社科知识，更要拥有社会主义核心价值观、社会责任感和家国情怀，将德育教育贯穿网络安全专业课程教学。

高校的德育教育主要是思政教师来负责的，而专业课教师通常负责讲解理论和技术知识，专注于学生专业知识和技能的掌握，缺乏在专业课中开展德育教育的意识，也缺少对学生进行思想政治教育的经验。

网络安全的知识和技能是一把双刃剑，它既可以通过所学知识进行网络安全相关研究，增强我国的网络安全方面综合实力，也可能利用所学知识从事网络犯罪活动。因此，教师在讲解知识和技术的时候，也必须帮助学生树立正确的行为准则。

3.4　网络安全人才培养新举措

3.4.1　新工科专业建设

2017年2月教育部高等教育司发布《教育部高等教育司关于开展新工科研究与实践的通知》。新工科研究和实践围绕工程教育改革的新理念、新结构、新模式、新质量、新体系开展。主要内容分为工程教育的新理念、学科专业的新结构、人才培养的新模式、教育教学的新质量、分类发展的新体系。

"新工科"对应的是新兴产业，首先是指针对新兴产业的专业，如人工智能、智能制造、机器人、云计算等，也包括传统工科专业的升级改造。新一代信息技术产业、高档数控机床和机器人、航空航天装备、海洋工程装备及高技术船舶、先进轨道交通装备、节能与新能源汽车、电力装备、农机装备、新材料、生物医药及高性能医疗器械等都属于新工科。新工科以新经济、新产业为背景，新工科的建设，一方面要设置和发展一批新兴工科专业，另一方面要推动现有工科专业的改革创新。

相对于传统的工科人才，未来新兴产业和新经济需要的是工程实践能力强、创新能力强、具备国际竞争力的高素质复合型"新工科"人才。他们不仅在某一学科专业上学业精深，而且应具有"学科交叉融合"的特征；不仅能运用所掌握的知识去解决现有的问题，还有能力学习新知识、新技术去解决未来发展出现的问题，对未来技术和产业起到引领作用。可以说新经济对人才提出的新的目标定位与需求为"新工科"提供了契机，新经济的发展呼唤"新工科"。

3.4.2　职业教育改革

职业教育与普通教育是两种不同的教育类型，职业教育的目的是满足个人的就业需求和工作岗位的客观需要。职业教育注重高素质技术技能型人才的培养，专业设置契合社会岗位发展需求，侧重于"岗位需求导向"的人才培养模式和培养路径，注重所需的职业知识、技能和职业道德的教育培养。通过职业教育人才培养路径，可以为产业培养更多的新型创新复合型人才，为行业提供强有力的人才支撑。

职业院校教育分为中等职业教育、高等职业教育专科和高等职业教育本科。目前，中职计算机类下设置了网络信息安全以及网络安防系统安装与维护两个专业；高职计算机类设置了信息安全技术应用专业；本科高职计算机类设置了计算机类信息安全与管理专业。

1．我国当前职业教育现状

"十三五"以来，教育部认真贯彻落实《国务院关于加快发展现代职业教育的决定》《国家中长期教育改革和发展规划纲要（2010—2020年）》和《国家职业教育改革实施方案》，坚持把职业教育作为教育综合改革的突破口，扎实推进各项工作，在健全办学体制、完善育人机制、提升内涵质量、增强服务能力、建设"双师型"教师队伍、建成世界规模最大的职业教育体系等方面取得了可喜成绩。"十三五"期间职业教育发展的五大亮点主要表现在：确立了职业教育的类型地位，构建起纵向贯通、横向融通的现代职业教育体系，迈入了提质培优、增值赋能的高质量发展新阶段，培养了一大批支撑经济社会发展的技术技能人才，实现了更高水平的开放。

2．我国职业教育存在的不足

过去一段时间我国职业教育的学生来源及就业形势相对处于弱势状态，但是随着经济社会的发展，高素质技术技能型人才的开发又对职业教育提出了更高的要求。我国职业教育取得巨大进步的同时，也存在一些方面的不足，主要表现在：

（1）社会认可度低。大家对职业教育仍然存在认知偏差，认为当工人既苦累又丢面子还没前途，家长和学生都不愿就读职业教育院校。同时政府资金投入不足，造成师资力量薄弱。

（2）学生知识基础一般。职业学校学生来自高中毕业生，知识基础与高校学生群体有差距，再加上对所学的专业不感兴趣，学生学习的主动性不足，学习效果很差。

（3）与企业岗位需求脱节。当前职业教育的教学内容与企业需求脱节，重理论轻实践，学校考核难度不高，造成毕业生岗位技能偏弱。

针对职业教育的现状，大力发展职业教育，动员和鼓励更多的年轻人学习应用技术、高端技术，毕业后充实产业工人队伍，满足经济社会发展的需要，已经成为一项国家战略。2019年国家接连出台关于大力发展职业教育的重要文件、政策和措施，正式开启了高等职业教育新的培养模式的探索与改革。

3．职业教育的最新政策与指导意见

2019年2月13日，国务院印发了《国务院关于印发国家职业教育改革实施方案的通

知》，对职业教育提出了全方位的改革设想。该通知强调到2022年，职业院校教学条件基本达标，一大批普通本科高等学校向应用型转变，建设50所高水平高等职业学校和150个骨干专业（群）。建成覆盖大部分行业领域、具有国际先进水平的中国职业教育标准体系。企业参与职业教育的积极性有较大提升，培育数以万计的产教融合型企业，打造一批优秀职业教育培训评价组织，推动建设300个具有辐射引领作用的高水平专业化产教融合实训基地。职业院校实践性教学课时原则上占总课时一半以上，顶岗实习时间一般为6个月。"双师型"教师（同时具备理论教学和实践教学能力的教师）占专业课教师总数超过一半，分专业建设一批国家级职业教育教师教学创新团队。从2019年开始，在职业院校、应用型本科高校启动"学历证书+若干职业技能等级证书"制度试点（以下称1+X证书制度试点）工作。

2021年10月中共中央办公厅、国务院办公厅印发了《关于推动现代职业教育高质量发展的意见》，并发出通知，要求各地区各部门结合实际认真贯彻落实。其中指出，到2025年，职业教育类型特色更加鲜明，现代职业教育体系基本建成，技能型社会建设全面推进。办学格局更加优化，办学条件大幅改善，职业本科教育招生规模不低于高等职业教育招生规模的10%，职业教育吸引力和培养质量显著提高。到2035年，职业教育整体水平进入世界前列，技能型社会基本建成。技术技能人才社会地位大幅提升，职业教育供给与经济社会发展需求高度匹配，在全面建设社会主义现代化国家中的作用显著增强。

《关于推动现代职业教育高质量发展的意见》强调推进高等职业教育提质培优，实施好"双高计划"，集中力量建设一批高水平的高等职业学校和专业。稳步发展职业本科教育，高标准建设职业本科学校和专业，保持职业教育办学方向不变、培养模式不变、特色发展不变。一体化设计职业教育人才培养体系，推动各层次职业教育专业设置、培养目标、课程体系、培养方案衔接，支持在培养周期长、技能要求高的专业领域实施长学制培养。鼓励应用型本科学校开展职业本科教育。文中还提出了创新校企合作办学机制。例如：丰富职业学校办学形态，职业学校要积极与优质企业开展双边多边技术协作，共建技术技能创新平台、专业化技术转移机构和大学科技园、科技企业孵化器、众创空间，服务地方中小微企业技术升级和产品研发。推动职业学校在企业设立实习实训基地、企业在职业学校建设培养培训基地，推动校企共建共管产业学院、企业学院，延伸职业学校办学空间；拓展校企合作形式内容，职业学校要主动吸纳行业龙头企业深度参与职业教育专业规划、课程设置、教材开发、教学设计、教学实施，合作共建新专业、开发新课程、开展订单培养。鼓励行业龙头企业主导建立全国性、行业性职教集团，推进实体化运作。探索中国特色学徒制，大力培养技术技能人才，支持企业接收学生实习实训，引导企业按岗位总量的一定比例设立学徒岗位。

4. 1+X证书制度

"1+X证书制度"是国家职业教育制度建设的一项基本制度，也是构建中国特色职教发展模式的一项重大制度创新。它是在国务院印发的《国家职业教育改革实施方案》（简称"职教20条"）要求下，教育部会同国家发改委、财政部、市场监管总局等部门共同制定的《关于在院校实施"学历证书+若干职业技能等级证书"制度试点方案》中提到的核心任务。"1"是学历证书，是指学习者在学制系统内实施学历教育的学校或者其他教育机构中完成了学制系统内一定教育阶段学习任务后获得的文凭；"X"为若干职业技能等级证书，在完成相应的职业技能培训并达到认证标准后获得，其特点是紧密结合岗位能力需求，通过实践实训将知识转化为劳动技能，达到用人单位的岗位能力要求。

"1+X证书制度"的出台可以有力推动职业院校深化改革。"1+X证书制度"的实施将有利于进一步完善职业教育与培训体系，深化人才培养和评价模式改革。它在职业教育过程中将学历教育与培训并举，通过职业技能等级标准与专业教学标准相互融合，通过技能考核与课程考试统筹评价，能够及时将新技术、新工艺、新规范、新要求融入职业教育人才培养过程，真正实现X证书培训内容与学历教育专业课程的融合、培训内容与岗位能力需求的无缝对接。

5. 现代学徒制创新

学徒制是古代工匠技艺传承的重要手段，也称手工业学徒制，徒弟跟着师傅一起干活，这是一种在真实环境中近乎手把手的教学方式，徒弟在师傅的指导下慢慢习得技艺和技能的一种方式。随着近代学校教育的出现，这种学徒制就慢慢消失了，被学校教育所取代。现代学徒制是由企业和学校进行合作，学校教师和企业指导教师联合传授，以培养学生的动手能力，提升学生具备完成真实项目的能力，使学生在毕业后能直接胜任企业的工作，适应企业的生产环境。

现代学徒制和其他培养模式相比，具有其显著的特点：首先，学生具有双重身份，既是学校的学生，也是企业的学徒工，既系统地学习学校的理论知识和实践技能，也实际动手操作企业的真实项目，真正做到了理论与实际相结合；其次，现代学徒制是一种融合了理论和实践相结合的新型的教学方式，既要承担学生的理论教学，也要指导学生的动手实际操作；最后，现代学徒制是目前有效的职业教育教学方式之一，它体现了职业教育侧重学生动手解决实际问题的能力，将能力放在了教学的首位。

目前的职业技术教育课程体系主要以学科体系为主，虽然改变了以往理论知识为主的教学方式，逐渐加入了技能实践和实训教学环节，但是缺乏企业工程师的直接指导，很多教师都是根据自己的理解来设计项目，和企业真实环境下的项目相差甚远。有些学校和企业联系较为密切，将企业的真实项目引入到了教学课堂中，但由于教师缺乏实际的工作经验，很难将企业真实的项目复制到课堂的教学中，学生虽然接触了企业的真实项目，但对于真正的生产环境，仍然一无所知，和企业的一线员工的要求还有一定的差距。

经过多年的发展，逐渐摸索出了适合本国国情的现代学徒制的教学方式，像德国的双元制、澳大利亚的 TAFE 和英国的工学交替等，都是非常成熟的人才培养模式。现代学徒制有利于培养学生的工匠精神、有利于改变学校闭门造车的教学模式、有助于企业招聘和学生就业的无缝对接（参考：李宏铭《计算机网络安全专业现代学徒制工作坊的研究与实施》在科技经济导刊文章）。

3.4.3 产教融合发展

1. 产教融合指导思想

（1）《国家产教融合建设试点实施方案》。

2019年9月国家发改委、教育部等六部门联合印发《国家产教融合建设试点实施方案》（以下简称《方案》）。《方案》分两批开展试点，首批按照经济、产业和人口基础支撑较强、教育资源相对集聚等原则建设20个左右城市。试点过程中，将推进产教融合校企合作人才培养改革方面，将培育工匠精神作为中小学劳动教育的重要内容。

《方案》提出，通过5年左右的努力，试点布局建设50个左右产教融合型城市，在试点城市及其所在省域内打造形成一批区域特色鲜明的产教融合型行业，在全国建设培育1万家以上的产教融合型企业，建立产教融合型企业制度和组合式激励政策体系。

《方案》指出，深化产教融合，促进教育链、人才链与产业链、创新链有机衔接，是推动教育优先发展、人才引领发展、产业创新发展、经济高质量发展相互贯通、相互协同、相互促进的战略性举措。开展国家产教融合建设试点，……要把深化产教融合改革作为推进人力人才资源供给侧结构性改革的战略性任务，以制度创新为目标，平台建设为抓手，推动建立城市为节点、行业为支点、企业为重点的改革推进机制，促进教育和产业体系人才、智力、技术、资本、管理等资源要素集聚融合、优势互补，打造支撑高质量发展的新引擎。

《方案》提出，要充分发挥城市承载、行业聚合、企业主体作用，重点在完善发展规划和资源布局、推进人才培养改革、降低制度性交易成本、创新重大平台载体建设、探索发展体制机制创新等方面先行先试。有条件的地方要以新发展理念规划建设产教融合园区。健全以企业为重要主导、高校为重要支撑、产业关键核心技术攻关为中心任务的高等教育产教融合创新机制。

《方案》明确，要落实组合投融资和财政等政策激励。中央预算内投资支持试点城市自主规划建设产教融合实训基地，优先布局建设产教融合创新平台。强化产业和教育政策牵引，允许符合条件的试点企业在岗职工以工学交替等方式接受高等职业教育，支持有条件的企业校企共招、联合培养专业学位研究生。探索建立体现产教融合发展导向的教育评价体系，支持高职院校、应用型本科高校、"双一流"建设高校等各类院校积极服务、深度融入区域和产业发展，推进产教融合创新。

（2）《关于促进网络安全产业发展的指导意见（征求意见稿）》。

为贯彻落实《中华人民共和国网络安全法》，积极发展网络安全产业，工业和信息化部会同有关部门起草了《关于促进网络安全产业发展的指导意见（征求意见稿）》。

文中指出近年来，我国网络安全产业规模快速增长、产品体系相对完善、创新能力逐步增强、发展环境明显优化，但与网络安全保障要求相比，还存在核心技术欠缺、产业规模较小、市场需求不足、产业协同不够等问题。

指导意见强调以服务国家网络空间安全战略需求为导向，主动应对互联网、大数据、人工智能和实体经济深度融合伴生的新风险，积极应对5G、工业互联网、下一代互联网、物联网等新技术新应用带来的新挑战，坚持市场主导、政府引导，着力突破关键技术、构建产业生态、优化发展环境，推动我国网络安全产业高质量发展，为维护国家网络空间安全、保障网络强国建设提供有力的产业支撑。

指导意见还提出要充分调动各方力量，加强产学研合作，鼓励技术成果转化，推动强强联合、协同攻关，构建多方参与、优势互补、融合发展的产业生态体系。推动产融合作，引导社会资本参与网络安全产业发展。

2．网络空间安全产业学院

网络空间安全产业学院以工业互联网安全、区块链和人工智能为重点领域，围绕一流网络空间安全人才培养与专业建设、科学研究与项目攻关、服务国家战略和区域产业发展等方面，政产学研协同，集聚高水平教科研团队与创新平台，培育高质量科技创新成果、发明专利和产业化项目；同时，深化产教融合，优化学科专业结构，培养网络空间安全产业创新应用人才。学院将面向智能化、信息化的数字经济转型升级，提供网络信息安全技术服务和人才培训。

网络安全产业学院的关键，在于校企合作建设平台，整合政、校、行、企、各方资源，形成命运共同体，共同投入、共同建设、共同管理产业学院，高质量运行学院，产出高质量的人才培养成果；因此要充分发挥学院的学科专业特色和政产学研协同合作优势，通过整合双方优质资源，积极探索基于产业学院办学模式、现代学徒制教学方法等高等职业教育成果，共同赋能产业学院应用型人才培养的体系化建设；还要积极探索"高端化、特色化、实战化"发展新模式，以开放共享方式开展科技创新，建立网络空间安全成果转化基地，并打造研发基地，吸引一批有发展潜能的高新技术产业。

3.4.4 人才导向的智库建设

在社会信息化的时代，网络信息安全在国家安全中的地位和作用日益凸显。从全球的实践来看，维护网络信息安全离不开相关智库专业和技术人员的支持。为此，建设高水平的网络信息安全智库和培养网络信息安全人才成为各国制定和实施网络信息安全战略的重要途径。

中国社会科学院世界经济与政治研究所徐秀军博士在《国外网络信息安全智库建设的经验与启示》中分析到："网络信息安全研究具有较强的专业性，需要大量专业人才。一些有影响力的国外网络信息安全智库中既有深入钻研某一问题的专门人才，也有熟谙网络安全治理各个方面的复合型人才。国外智库在人才选聘上，坚持实用原则，因此人才使用非常灵活，流动性也相对较大。例如，大西洋理事会的研究议题更换后，整个研究团队就会大换血，重新招聘主任和研究人员。而关于人才培养问题，互联网是新兴领域，技术型人才相对较多，而真正从事网络安全战略研究并拥有较深资历和水平的人才比例并不高。为了选聘高素质的人才队伍，很多智库都制定了较为严格的考核规则和制度。与国内多数机构不同的是，很多国外智库制定考核制度旨在促进人员的真正流动，从而吸引符合项目要求和胜任研究岗位的人才，并组建专业性较强的研究团队。这样的考核机制也促进了智库人才素质的不断提高。"

因此，我们要聚焦聚力网络安全领域新型智库建设。通过设立网络安全和信息化委员会专家咨询委网络安全专项工作组，联合高校、党校、科研院所及企业建设网络安全领域新型智库，探索实施首席专家、特聘研究员选聘制度，强化网络安全新型智库决策咨询、项目论证、人才评审等服务，充分发挥智库专家资政建言、理论创新、社会服务等作用。

3.4.5　网络安全竞赛

网络安全竞赛是提高学生综合运用所学知识解决复杂工程问题的能力、培养创新意识和团队合作能力的有效途径。

1. 全国大学生信息安全竞赛

全国大学生信息安全竞赛是一项公益性大学生科技活动，目的在于宣传信息安全知识；培养大学生的创新精神、团队合作意识；扩大大学生的科学视野，提高大学生的创新设计能力、综合设计能力和信息安全意识；促进高等学校信息安全专业课程体系、教学内容和方法的改革；吸引广大大学生踊跃参加课外科技活动，为培养、选拔、推荐优秀信息安全专业人才创造条件。

全国大学生信息安全竞赛努力与课程体系和课程内容改革密切结合，与培养学生全面素质紧密结合，与理论联系实际学风建设紧密结合。竞赛侧重考查参赛学生的创新能力，内容应既有理论性，也有工程实用性，从而可以全面检验和促进学生的信息安全理论素养和实际动手能力。大赛内容以信息安全技术与应用设计为主要内容，可涉及密码算法、安全芯片、防火墙、入侵检测系统、电子商务与电子政务系统安全、VPN、计算机病毒防护等，但不限于以上内容。

2. "强网杯"全国网络安全挑战赛

"强网杯"全国网络安全挑战赛是一项国家级网络安全赛事，2021年，在中央网信办、河南省人民政府指导下，由信息工程大学、河南省委网信办、郑州市人民政府联合主办第五届"强网杯"全国网络安全挑战赛。"强网杯"全国网络安全挑战赛自2015年创办以来，得到了全国各行业、各领域、各地区的高度关注和大力支持。为进一步兼顾竞赛的专业性和普及性，丰富竞赛承载内容，本届挑战赛设置线上赛、线下赛、精英赛、人工智能挑战赛和青少年专项赛五个部分，面向网络安全从业人员、技术爱好者、院校学生和青少年等各类群体开展。

3."天府杯"国际网络安全大赛

"天府杯"国际网络安全大赛致力成为全球第一的破解比赛，面向所有安全从业人员公开征集参赛选手与参赛项目。参赛选手根据目标赛项设定报名参赛项目，比赛设置冠军、亚军、季军奖。大赛共包含PC端、移动端与服务器端三大项，以及虚拟化 软件、操作系统软件、浏览器软件、办公软件、移动智能终端、Web服务及应用软件、DNS 服务软件、共享管理类服务软件等八大类别。

4．XCTF 联赛

XCTF国际网络攻防联赛（简称XCTF国际联赛），由赛宁网安发起并总体承办，面向高校、科研院所、企业、政府、网络安全技术爱好者等群体，旨在为国家发现和培养网络安全技术人才。XCTF国际联赛是全球网络安全领域著名的CTF赛事，亚洲最大的网络攻防联赛，"X"既代表了联赛序列下各分站赛，也代表了网络安全创新能力与发展潜力的无限可能。从2014年至今，已经持续举办6届，通过"众星计划"和"出海计划"在国内高校以及海外市场产生了巨大影响力，成为网络安全人员学习提升、技术交流的重要赛事平台。XCTF国际联赛覆盖全球130多个国家和地区，吸引参赛队次80000+，人次100000+。

5．全国青少年网络安全竞赛

2018年7月，首届全国中学生网络安全竞赛在西安电子科技大学成功举办。大赛由陕西省互联网信息办公室、陕西省教育厅和西安电子科技大学主办，全国七所一流网络安全学院建设示范单位联合协办。大赛充分展现了青年一代的才华、能力和精神风貌，增添了大家对未来国家网信事业蓬勃发展的信心，整体活动受到了广大师生和社会各界的好评。借助大赛，初步打通了高校、行业和中学协同育人的渠道，探索网络安全人才培养向中学前置延伸迈出了重要的一步，也为高校、中学和产业界发掘优秀人才、促进合作交流搭建起了良好平台。

首届全国中学生网络安全竞赛以"智慧、能力、发现、成长"为口号，旨在为青少年学生施展才华、促进高校、中学与企业合作交流搭建平台，合力推动网络安全人才培养前置延伸，探索建立有效的青少年网络安全人才协同培育新机制，促进全国中学生网络安全知识技能教育推广与普及，以实际行动全面贯彻落实网络强国战略。由高校、政府联合共同主办举办全国中学生网络安全竞赛，是国内中学生赛事领域的首例，也是学校在高等教育新的历史阶段、大胆探索推动高等教育与中等教育相衔接，促进高校、中学、企业、政府各方力量有机协同，深度融合发现人才、培育人才、造就人才的新尝试、新创举。

大赛面向全国普通初、高中在校学生，分为线上赛和线下决赛两个阶段。

全国青少年网络安全竞赛暨第四届全国中学生网络安全竞赛于2021年10月举办。由陕西省人民政府、教育部高等学校网络空间安全专业教学指导委员会指导，由西安市人民政府主办，陕西省委网信办、西安市委网信办、西安电子科技大学承办。

6．西湖论剑·中国杭州网络安全技能大赛

西湖论剑·中国杭州网络安全技能大赛由杭州市公安局、共青团杭州市委、杭州市学生联合会主办，由网络安全产业人才培养标杆单位杭州安恒信息技术股份有限公司、杭州市网络安全研究所、杭州市网络安全协会承办，集结政企的多维力量，打造独具一格的赛事品牌。

自2017年以来，西湖论剑网络安全技能大赛已连续举办多届，吸引来自全国知名高校和企业的精英战队报名参与，千余名网安翘楚相聚于此，以技会友，以赛成名。大赛已然成为全国性的知名网安竞赛品牌，为全国网络安全人才展示水平，竞技比拼和交流互动提供了舞台。

3.4.6　网络安全靶场

国家网络靶场（National Cyber Range，NCR）是指通过虚拟环境与真实设备相结合，模拟仿真出真实网络空间攻防作战环境。国家网络靶场将为国家构建真实的网络攻防作战提供仿真环境，针对敌对电子和网络攻击等电子作战手段进行试验。国家网络靶场将为国家建立专门的试验平台对信息安全系统进行验证，并与相关部门共享研究数据，提高国家信息安全水平。

目前，美国在这方面走在世界的前列，除了已建成多个小型网络靶场外，已开展国家级的网络靶场建设。其他国家，如英国等也正在建设自己的国家网络靶场。网络靶场已成为各国进行网络空间安全研究、学习、测试、验证、演练等必不可少的网络空间安全核心基础设施。

1．网络靶场关键技术面临的挑战与发展趋势

在靶场训练数据采集方面，可采取低损耗的靶场信息实时采集技术，实现低损、实时、准确的网络攻防态势呈现及效能评估；针对中心采集程序和植入虚拟机的代理程序方式影响虚拟机自身运行状况的问题，采用虚拟机与虚拟机监视器配合的虚拟化带外数据采集技术，从虚拟机外部进行数据采集，获取虚拟机内部的运行状态。

在靶场行为模拟方面，主要发展趋势为通过场景化的网络行为逼真模拟技术和多层级融合网络流量行为模拟、基于时序确保的网络应用逼真模拟、大规模服务交互行为模拟、网络终端用户行为模拟等技术，达到场景化的多层级、全方位综合互联网行为逼真模拟效果。

在靶场流量模拟方面，通过模拟海量用户并发访问互联网应用的用户行为，来解决靶场环境中网络流量行为模拟及背景流量生成的问题。

在靶场训练效能评估方面，构建可量化的攻防效果评估指标体系、可反馈的攻防武器量化评估自适应机制。对于攻击方面的评估，可从攻击的效果、攻击可靠性、绕过安全措施的种类、隐蔽性等方面展开；对于防护防的评估，可从防护措施部署的便捷性、检测/阻止的攻击类型、可扩展性、操作的简明性、绕过的难易程度、对网络拓扑/用户行为影响等展开。

在靶场平台安全及管理方面，主要挑战为如何保证整个靶场平台的安全及试验安全隔离问题，发展趋势为采用多层次动态隔离的安全管控体系，通过构建高效、灵活、可控的虚实资源分配与隔离管控机制，实现高安全、高可靠的联合试验环境。

2. 网络靶场关键技术的发展趋势

（1）全频谱网络空间靶场成为必然趋势。

目前，各国军事网络空间靶场正打破以往网络靶场的分散建设和独立发展，向着全频谱信息安全/网络空间靶场的方向迈进。全频谱网络空间靶场是指包含了全部网络空间内容的数字靶场，如互联网、工控网、卫星网、电信网、物联网、电磁网、无线网、天地一体化网络等类型，以及由此涉及和涵盖的网络、计算机、移动设备、多媒体、传感器、无人系统、智能设备等所有可见终端类型。

全频谱网络空间靶场将模拟和仿真整个现实世界，用于网络空间安全技术验证、网络武器装备试验、攻防对抗演练和网络风险评估等试验演训。

（2）AI、游戏化与靶场训练的深度融合。

随着游戏和人工智能的软硬件技术的成熟，将人工智能和机器学习与网络靶场相结合成为网络靶场发展的新趋势。一方面，利用游戏所带来的身临其境、沉浸式较强的效果来增强训练的趣味性、交互性，增加用户训练的兴趣和参与感；另一方面，基于人工智能、机器学习推理等技术，辅助进行训练任务的导调、裁决、跟踪、评价等功能，可在网络培训靶场中建立"无剧本"式的培训环境和安全事件。

例如，Project Ares战神项目是由美国Circadence公司开发的一款网络安全培训平台，该平台将游戏相关技术与AI技术结合，为政府、军事、商业和关键基础设施的网络安全团队提供了一个完全身临其境的专有网络安全培训平台。

（3）网络培训靶场即服务模式的推广。

网络培训靶场即服务（CyRaaS:Cyberspace Range Serve as Service），提供模板和工具，以构建模拟环境以仿真实际场景，并将"逼真的仿真环境"在封闭的虚拟网络中作为Web应用程序使用。CyRaaS将培训能力作为一项服务，通过模拟系统来体验网络安全专业人员的操作感受，并提供了评估和数据分析功能，可通过课程学习和实验训练的跟踪反馈，提高了学习训练的针对性，有利于快速提升训练效果。

例如，当前网络培训靶场即服务已经商业化的案例主要有：2019年，Cyberbit上线了自己的网络培训靶场即服务（Cyberbit Cloud Range）。此外，美国Circadence公司上线了基于Project Ares战神项目的网络培训靶场即服务（CyRaaS）。

3.5 企业网络安全领域人才培养与建设

3.5.1 企业网络安全领域人才能力提升现状

在信息技术与各行各业不断融合的大背景下，国家导向和合规性方面均对网络安全从业人员提出能力提升要求；而结合大量国内外企业信息安全相关风险和解决方案的调研数据，人员已经成为网络安全保障工作的最重要因素，人员的安全素养和技术能力已成为网络安全体系建设中不可忽略的要素。因此，在合规性需求和业务需求双轮驱动的态势下，从业人员面临的安全挑战呈上升趋势，无论是从组织视角还是个人视角，能力提升的需要也水涨船高。

1. 网络安全能力提升途径

从能力提升方式来看，如图3-5所示，60%左右的网安从业者都是通过积极承接并跟进项目，并不断地主动学习研究，同时工作之余参加各类考证社会培训等三种方式来提升自身的技能水平和综合素质。此外，还有部分从业者会通过参加网络安全竞赛及进校学习的方式来充实自己。

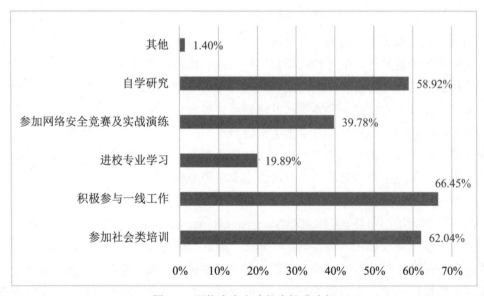

图 3-5　网络安全人才能力提升途径

参加社会类的网络安全培训已经成为网安从业者的提升技能的主流选择之一。对于培训方向的选择上，如图3-6所示，59.25%的从业人员偏向于基础攻防技术，其次超过40%的从业者对于安全管理、安全运营和安全运维及应急响应也有较高的能力提升需求，此外从业者对实战演练、安全意识，以及云计算、大数据、物联网、人工智能等新兴技术领域的安全也有一定程度的进修需求，相较而言，竞赛培训类的并非是热门选项。根据从业者对于网络安全培训（脱产）周期的可接受情况来看，近五成的人可以接受7～10天的脱产网安培训。基于此，企业可以定期开展不同方向的安全培训，满足员工能力提升需求的同时增强网络安全人才队伍建设。

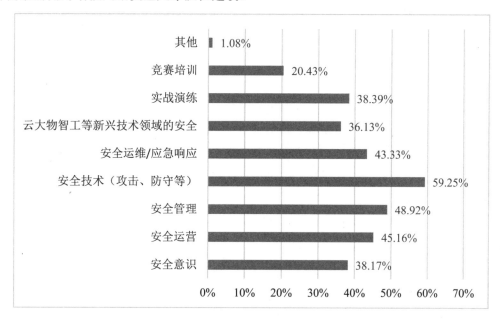

图 3-6　网络安全培训方向分析

2. 网络安全认证培训

对技术技能型密集的行业来说，建立完善的职业培训和认证体系，为从业人员提供持续性学习和知识更新渠道，是填补新兴领域人才缺口的有效解决途径，对于网络安全行业更是如此。目前，我国多家网络安全主管机构均已构建和运营系列网络安全人员认证认可证书，其中以中国信息安全测评中心的CISP系列认证、中国网络安全审查技术与认证中心的CISAW系列认证最具代表性，这两大认证体系均设置了若干子领域，CISP系列认证以技术领域划分为主，CISAW以工作岗位划分为主。此外，国家互联网应急中心（CNCERT）的CCSC（Certification for Cyber Security Competence，网络安全能力认证）、公安部的网络安全等级保护测评师认证、工业和信息化部的信息安全工程师等，都具有较强的权威性。另外，人力资源和社会保障部门发布的网络与信息安全管理人员、信息安全测试人员等职业技能等级认定证书，也切实为行业技能性人才培养提供了指导和评价作用。

3. 企业网络安全领域人才能力提升面临挑战

（1）从业人员能力提升渠道有限。

当前，大部分网络安全从业人员除了在工作中经验的自我积累和沉淀，能力提升的主要渠道包括自主报名认证培训和学习社区或平台进行自学，只有少数网络安全队伍建设比较完备的行业会组织内部分享、邀请专家或购买服务的方式为网安从业人员提供学习机会，但总体来说，网安人员的能力提升仍然以自学为主。

（2）从业人员学习内容缺少体系化设计。

无论是自学为主，还是单位组织的网络安全培训，均呈现培训内容零散，缺少体系化设计，而部分强制培训的网安人员认证，由于其课程体系是基于学员已有基础和培训目标而设计，具有一定的体系化特性，但其培训时长固定，无法满足定制化需求；虽然讲座形式能够起到提升理念、拓宽视野的作用，但对于系统化地提升从业人员能力收效甚微。

（3）从业人员培训成果与业务关联度有待提高。

虽然部分行业进行了有组织的人员培训，但从培训导向和实施过程来看，培训内容与实际业务的关联度有待提升。一方面，有些培训是因为各行业通过组织技能竞赛来实现"以赛促学、以赛促建"的目标，但网络安全行业的特殊性，导致竞赛内容无法与真实业务高度关联，因此配套的培训也受限于竞赛内容和形式；另一方面，以不同视角组织的技术培训虽然突破了竞赛模式的限制，但由于网络安全的伴生性和对场景的高度依赖，也无法做到有的放矢，导致培训无法产生闭环效果，切实提升受训人员的业务能力。

3.5.2　企业网络安全领域人才培养举措

1．规划分级分类的安全人才培养体系

坚持多角度、多层次、全方位的人才培养理念，构建人才培养路径、完善知识体系、实施技能培训，不断强化自有网络信息安全人才队伍整体素质与综合实力。公司围绕网络安全相关业务划分岗位领域，按照网络信息安全领域从业人员、专家、高级专家、首席专家、首席科学家等若干个层级来构建网络信息安全人才体系。充分利用网上大学和网络安全实训基地，搭建网络信息安全领域知识体系；基于知识体系，开发系列培训资源，用于网络安全保障体系的能力建设。

2．通过各类培训塑造岗位能力

依托网上教学资源、线下集中培训等方式，普及专业知识来组织企业内部的培训活动；依托外部专业机构，开展结构化、标准化培训，以及CISP、CISSP等专业认证来开展；利用实训基地，模拟真实网络环境搭建演练靶场，组织攻防实操演练、竞赛等来组织实训；组织日常安全管理、安全运营、内外部攻防演习、安全标准研制、技术研究等的实战化训练活动。

3．构建一套创新能力评价体系

通过搭建能力评定体系、完善配套能力评价体系，提升培训引领作用，促进人技互融互通。基于业务领域、能力级别，制定对应知识、技能与能力评价维度，从而形成以KSA模型（知识、技能、能力）为核心的多维能力评定体系；定期对企业网络信息安全专业人才能力进行评定，具体可由人力资源部牵头，同时结合第三方组织的评价开展。

4．创新激励机制，畅通职业发展

企业要用足用好各项激励政策，加大人才激励和保留工作，实施重点业务专项激励、科技创新激励、核心能力内化、高端人才引领激励、核心技术攻关激励；针对业务贡献较大、安全竞赛获奖、专利学术成果突出、论文著作发表的人才在能力评级方面加分；对表现突出的安全专家所在单位，将优先给予荣誉表彰和年度考核政策倾斜。各单位建立牵引机制，鼓励网络信息安全领域从业人员主动学习，组织安全专家参加国内外安全领域会议、技术论坛、重大课题攻关、联合研究等提升岗位胜任力；最终通过横向职业发展、纵向职业发展协同并进的方式，全面畅通人员职业发展路径，营造积极向上的人才发展环境。

第 4 章　网络安全人才建设企业实践

4.1　网络安全人才培养模型

4.1.1　网络安全人才培养模型

这里参考美国网络安全劳动力框架（NICE框架）。该框架详细列举了网络安全劳动力的类别、专业领域以及工作角色，该框架将网络安全劳动力分为7大类，并将其进一步细化为33个专业领域（分类如下）、630个知识要求、374个技能要求、176个能力要求及1007个任务；每一个专业领域包含多个工作角色，每一个工作角色包含多个知识、技能、能力（KSA）和任务。KSA各元素关系图如图4-1所示。

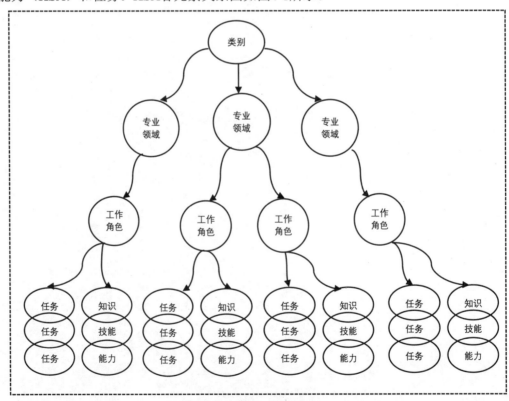

图 4-1　KSAs 各元素关系图

以"数据库管理员"工作角色为例，KSA专业领域、类别、工作角色描述如表4-1

所示。

表 4-1　KSA 专业领域、类别、工作角色描述

工作角色名称	数据库管理员
工作角色代码	OM-DTA-001
专业领域	数据管理（DTAA）
类别	操作与维护（OM）
工作角色描述	管理数据库以及/或数据管理系统以确保数据存储，查询及使用安全
任务	T0008，T0137，T0139，T0140，T0146，T0152，T0162，T0210，T0305，T0306，T0330，T0422，T0459，T0490
知识	K0001，K0002，K0003，K0004，K0005，K0006，K0020，K0021，K0022，K0023，K0025，K0031，K0056，K0060，K0065，K0069，K0083，K0097，K0197，K0260，K0261，K0262，K0277，K0278，K0287，K0420
技能	S0002，S0013，S0037，S0042，S0045
能力	A0176

基于NICE网络安全劳动力框架提出的工作角色岗位能力模型如表4-2所示。

表 4-2　工作角色岗位能力模型

能力名称：数据分析
能力描述：能够搜集、合成或分析各种来源的定性和定量数据和信息以做出决定、提出建议和/或汇编报告、简报、执行摘要及其他
评估方法：测试
知识及技能描述：
S0013｜具备查询和开发分析数据结构的算法技能
S0021｜具备设计数据分析结构的技能（例如，测试必须生成的数据类型以及如何分析数据）
S0091｜具备分析不稳定数据的技能
K0020｜了解数据管理及数据标准化政策的知识
K0338｜了解数据挖掘知识

4.1.2　网络安全人才要求与评价相关标准文件

目前，以标准为基础的人才培养和评价模式成为趋势。人力资源和社会保障部推出的职业技术技能标准是引导和规范职业教育培训、技能评价的基础，对促进产业从业人员素质提升发挥着重要作用；工业和信息化部推出的人才行业标准，紧紧围绕产业紧缺人员、以产业需求为导向，以岗位能力标准为基础，对产业人才进行可信评价；教育部推出的职业技能等级标准，有利于深化复合型技术技能人才培养培训模式和评价模式改革。

1.《信息安全技术 网络安全从业人员能力基本要求》（草案）

（1）标准概述。

该项国家标准由中国电子技术标准化研究院牵头，中国信息安全测评中心、中国网络安全审查技术与认证中心、国家计算机网络应急技术处理协同中心和国内众多厂商共同参与制定。

该项标准针对当前我国网络安全人才与技能缺口持续、网络安全人才分类培养体系尚未形成，教育、技术、产业良性生态还要健全完善，网络安全人才在职教育与培训系统性不足、社会大众网络安全意识和技能仍需提高等现状，旨在解决网络安全从业人员分类不统一、网络安全从业人员能力要求不统计、网络安全从业人员培训课程不统一等问题，同时文件给出了网络安全从业人员分类，提出了各类从业人员必备的知识和技能要求。

（2）标准制定原则。

标准按照网络安全从业人员承担的工作任务相似原则，将其分为工作类别、工作子类和工作角色。

工作任务是指为了实现组织的相关目标，必须要执行的与网络安全有关的一个或一组工作活动和/或工作内容。工作类别和工作子类是指将相同或相似的一组网络安全工作任务归类在一起，划分为不同的网络安全工作种类，并对每个种类进行命名。不同类别的人员应具备完成工作任务的能力，能力则包括所掌握的知识和具备的技能。

工作角色是指被赋予一个或一组特定网络安全工作任务的一类网络安全从业人员的统称。可将不同类别人员的工作任务进一步细分赋予不同的工作角色，因不同组织对工作角色的划分存在不同，工作角色应具备完成工作任务的能力。工作任务、工作类别和子类、工作角色及能力之间关系如图4-2所示。

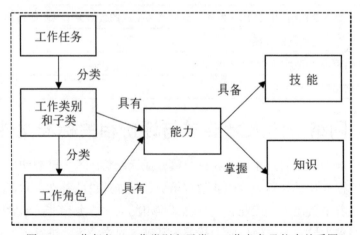

图4-2 工作任务、工作类别和子类、工作角色及能力关系图

（3）标准（草案）中的网络安全从业人员分类。

目前标准（草案）中暂定将工作类别为6类，包括网络安全监管、网络安全规划和管理、网络安全建设、网络安全运营、网络安全审计和评估以及网络安全科研教育。网络安全从业人员分类与工作描述如表4-3所示。

表4-3 网络安全从业人员分类与工作描述

序号	工作类别	描述
1	网络安全监管	负责国家网络安全法律、法规、政策、制度、机制等制定，监督指导其落实实施等职能，以建立国家网络安全工作机制，保障国家网络安全为工作任务和目标，确保网络安全政策制定及实施的有效性
2	网络安全规划和管理	负责组织网络安全相关管理工作、数据安全管理、个人信息管理以及合规工作，包括规划、制度制定和执行、资源保障等行政工作，也包括网络安全技术态势研判和风险管理等技术性工作，综合协调相关人员，采取各类网络安全控制措施，降低并缓解业务系统安全风险
3	网络安全建设	负责网络安全需求分析、架构设计、安全开发、供应链安全管理、集成实施等工作。网络安全需求分析工作具体包括政策合规需求分析、业务所依赖的ICT持续运行需求分析、数据安全需求分析等，形成网络安全需求（规格）说明书或网络安全需求清单。并定期或在遇到重大网络安全事件时对组织网络安全需求进行复审，以重新确定网络安全需求的适宜性、充分性；网络安全架构设计工作具体包括将网络安全需求清单、ICT基础设施现状、组织环境和业务特点等作为网络安全架构设计的输入，从通信网络、计算环境、区域边界、安全管理等方面进行设计，形成可用于实施的网络安全机构设计方案，确保所有网络安全需求能够有效实现；网络安全开发工作具体包括实现软件、硬件开发中安全架构及功能，并对其进行测试、更新和维护；网络安全供应链安全管理工作具体包括运用供应链管理的方法、工具和技术，管理网络安全和信息化相关产品和服务的采购，并管理供应商；网络安全集成实施工作具体包括网络安全项目管理，信息系统安全集成过程中软硬件设备与系统的安装、调试、测试、配置、故障处理和工程实施，以及配合验收交付
4	网络安全运营	负责网络及网络设备有效安全运行；采用制度流程、工具和技术、数据和情报等资源对其进行安全运行与维护、安全监控和分析、应急响应等处置活动，并提出应对威胁的措施和改进建议，提高信息系统运行效率，降低安全风险
5	网络安全审计和评估	根据审计和评估依据，实施网络安全审计、网络安全测试、网络安全风险评估、网络安全认证、电子数据取证等工作任务，依据审计和评估结果发现网络安全问题并提出改进建议
6	网络安全科研教育	负责研究网络空间安全涉及的学科理论基础和方法论基础，以及研究网络安全法律法规、政策、标准、技术、产业等 负责网络安全相关课程的设计、开发和持续改进，以及授课，开展教学培训活动

当前该项标准仍然处在征求意见和修订阶段，部分内容和文字表述会有所更新与调整，近期会正式发布。

2.《网络与信息安全管理员国家职业技能标准》

为规范从业者的从业行为，引导职业教育培训的方向，为职业技能鉴定提供依据，依据《中华人民共和国劳动法》，适应经济社会发展和科技进步的客观需要，人力资源和社会保障部、公安部共同组织有关专家，开发制定了《网络与信息安全管理员国家职业技能标准》（下简称《标准》）。

本《标准》以《中华人民共和国职业分类大典（2015年版）》为依据，严格按照《国家职业技能标准编制技术规程（2018 年版）》有关要求，以"职业活动为导向、职业技能为核心"为指导思想，对网络与信息安全从业人员的职业活动内容进行规范细致描述，对各等级从业者的技能水平和理论知识水平进行了明确规定。本《标准》依据有关规定将本职业分为网络安全管理员、信息安全管理员和互联网信息审核员三个工种，分为四级/中级工、三级/高级工、二级/技师、一级/高级技师共四个等级，包括职业概况、基本要求、工作要求和权重表四个方面的内容。

3．工业和信息化人才岗位能力评价通则

本通则由工业和信息化部人才交流中心提出并归口，社会知名企业和院校积极参与，2020年6月3日发布，同年6月15日实施。本通则规定了工业与信息化领域产业人才评价的基本要求、评价流程，适用于指导开展工业与信息化领域产业人才岗位能力评价。

本通则聚焦新兴产业人才的岗位能力，直面社会需求大、复合型程度高、能力评价紧迫的难点；制定分领域产业人才岗位能力要求、产业人才岗位能力评价通则和细分岗位的人才评价标准，完善评价工作的标准引领与制度保障；建立人才能力认定、能力测试、能力提升三位一体、各方独立的工作模式，推动人才评价更加客观、权威、实用。

工业和信息化人才岗位能力评价整体框架依据工业和信息化部人才交流中心制定的系列产业人才岗位能力要求标准提出，并按照专业知识、技术技能、工程实践和综合能力四个维度对评估对象进行考核与评价。本评价框架按照产业发展需求及岗位进阶的客观规律，将产业人才岗位能力等级分为3级，共9等，即能力1~3等为初级、能力4~6等为中级、能力7~9等为高级。工业和信息化人才岗位能力评价整体框架如表4-4所示。

表 4-4　工业和信息化人才岗位能力评价整体框架

评价维度		专业知识	技术技能	工程实践	综合能力
内　涵		从事本岗位应具备的基础知识、专业知识等	从事本岗位应掌握的技术诀窍和技能工具等	从事本岗位应具备的工程实践和产品化能力等	从事本岗位应具备的职业操守、创新与管理能力等
人才等级	评价方法	笔试考核	实验考核	实践能力证明	笔试/答辩
高级	9级				
	8级				
	7级				
中级	6级				
	5级				
	4级				

（续表）

评价维度		专业知识	技术技能	工程实践	综合能力
初级	3级				
	2级				
	1级				
备注		1.空白区域是各个层级产业人才在专业知识、工程实践、技术技能、综合能力四种方面应达到的具体要求，由各评价支撑机构参考岗位能力要求标准并结合行业实际情况具体填入； 2.工程实践能力证明以主交付和副交付物的评估级为依据			

本通则将产业人才岗位能力评价诉求分为9级，形成与人才评价整体框架的对应结构，具体情况如表4-5所示。

表4-5　各层级岗位能力评价诉求分解与能力评价等级对应表

			诉求内容	提升指标
			能力提升诉求的文字表达	能力提升诉求的实际指标要求
高级人才	晋升提升类	9级	企业高管 CIO/CTO	企业高管的能力要求
		8级	管理职务晋升	高层管理能力要素要求
		7级	带领技术团队	胜任管理技术双重要素要求
中级人才	在岗提升类	6级	成为技术专家	拥有、掌握、应用双重要求
		5级	技术职务晋升	技术和管理创新得到提升
		4级	成为技术骨干	掌握岗位技术能力要求
初级人才	初次上岗类	3级	胜任技术岗位	熟练操作岗位技术的能力
		2级	掌握岗位要领	达到能够实际上岗的水平
		1级	熟悉岗位能力	熟悉岗位知识和体系

4. 教育部"1+X"职业技能评价标准

教育部遴选出的信息安全相关方向培训评价组织是"1+X"职业技能等级证书及标准的建设主体，主要负责和运营标准的开发、教材和学习资源的建设、师资培养、考核站点建设、考核以及证书颁发等。

教育部"1+X"职业技能等级证书及标准中与信息安全相关的主要有下述一些：网络安全运营平台管理职业技能等级标准、网络安全风险管理职业技能等级标准、Web安全测试职业技能等级标准、云安全运营服务职业技能等级标准、网络安全服务职业技能标准、网络安全应急响应职业技能等级标准、网络安全运维职业技能等级标准、网络安全评估职业技能等级标准、工业互联网安全测评与应急职业技能等级标准、物联网安全测评职业技能等级标准、云数据中心安全建设与运维职业技能等级标准等。

4.2 TASK 网络安全人才培养理念

4.2.1 TASK 模型介绍

TASK（Task Assessment Skill Knowledge）模型，如图4-3所示。该框架参考了美国网络安全劳动力框架（NICE框架），并结合我国网络安全实际工作内容及人员能力要求，由安恒信息数字人才创研院开发的网络安全人才培养模型。

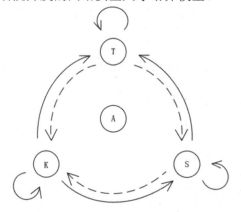

图 4-3 TASK（Task Assessment Skill Knowledge）模型

TASK模型基于网络安全从业人员的岗位工作职责进行分析、拆解和重构，最终形成：工作岗位—任务（Task）—知识（Knowledge）—技能（Skill）—能力评估（Assessment）的人才培养体系，如图4-4所示。

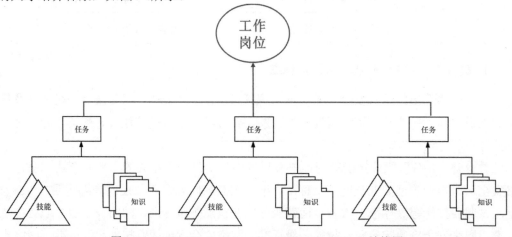

图 4-4 TASK（Task Assessment Skill Knowledge）结构图

TASK模型围绕工作岗位，分为三个基础模块，分别是T（TASK，任务）、K（Knowledge，知识）、S（Skill，技能）。其中T与K和S的关系如图4-5所示。

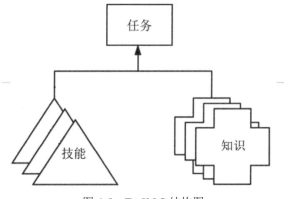

图4-5　T->K&S 结构图

4.2.2　TASK 基础模块

1. T（TASK，任务）

任务是为实现组织目标的活动，是工作岗位所需要去完成的工作内容以及应当承担的责任范围。任务描述应简单明了，容易被阅读和理解。描述上应具备任务行为内容、任务行为结果两大要素。

任务行为内容：执行任务做需要做的关键事项。

任务行为结果：执行任务最后所输出的内容。

例1：使用漏洞扫描工具对Web应用进行漏洞扫描，并对漏洞扫描结果进行验证，输出漏洞扫描报告。

例2：对无线网络进行渗透测试，发现常规安全风险，并输出渗透测试报告。

任务中不包含目标，因为目标会因为不同的场景和需求而不同。

2. K（Knowledge，知识）

知识是概念和信息，是为了懂得为什么，通过学习任务相应的知识才能完成任务。一项任务可以需要多条知识，一条知识也可以用于多条任务。

例1：漏洞扫描技术的知识（例如漏洞扫描技术概念、原理、实现方式等）。

例2：漏洞分级、分类的知识（例如Web应用、主机、数据库等层面）。

例3：漏洞扫描工具的知识。（例如常见的漏洞扫描工具、漏洞工具的常见功能、漏洞扫描工具的使用方法）。

知识颗粒度把控原则为对应课程最少具备一课时（40分钟）的学习时长。

知识可以四大类：事实性知识、概念性知识、程序性知识和元认知知识。事实性知识包括独立的信息，如词汇的定义、有关细节的知识等。概念性知识由信息的系统构成，如分级和分类的信息。程序性知识包括运算法则、动手探究或操作规则、技术、方法，以及何时使用这些程序的知识。元认知知识指拥有关于思维过程的知识，以及如何有效地操控过程的信息。例如：

（1）事实知识（基本资讯）。

- 术语知识，如 DoS、DDOS、僵尸网络、木马的定义等；
- 细节和组成元素的知识，历史中影响重大的网络安全事件，安恒信息保障的国家重大活动，公安部的组织架构。

概念知识（结构中各组成要素间的关系）

分类和类别的知识，如漏洞的分类、网络安全事件的分级等。

原理和通则化的知识，如漏洞扫描的原理、渗透测试的原则等。

- 理论、模型、结构的知识，如PPDR模型、IATF框架等。

程序知识（如何做一件工作）

学科相关技能与演算的知识，如渗透测试的流程、PKI体系中数字证书的申请等。

（2）学科相关技术和方法的知识，如DES加密方法、入侵检测技术等。

3. S（Skill，技能）

技能是执行任务活动的能力，描述学员可以做什么。知识包括有和无的性质，技能需要通过不断地训练和练习来提高。一项任务可以需要多种技能，一项技能也可以用于多种任务。

例1：部署入侵检测系统（IDS）的技能。

例2：分析入侵检测系统（IDS）告警日志的技能。

例3：使用Web应用扫描工具扫描Web应用服务漏洞的技能。

例4：使用端口扫描工具进行端口探测的技能。

注意：技能描述上不体现具体的工具、设备名称，以种类或功能性等名词来体现，例如防火墙、Web应用扫描工具、主机发现工具、漏洞扫描工具。落地到实验时，选择常用的几款制作开发即可。

4. A（Assessment，能力）

能力是为了评估学员的一种机制，能力是根据组织岗位需求来定义。通过该机制可以观察和测量学员。如图4-6所示，一项能力包括能力描述、评估方法和相关的TKS评估标准。评估可以通过理论测试、操作测试、面试、工作观察等形式，也可从过程、结果、行为、证书等纬度评估。

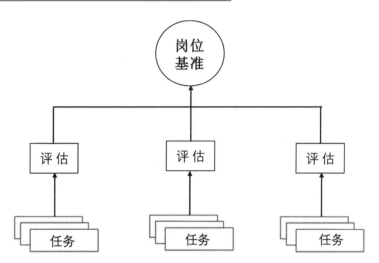

图 4-6　使用能力通过实践场景评估工作认证胜任力

例1：能力描述：对信息系统进行渗透测试，并输出渗透测试报告

评估方法：模拟靶场实践评估

相关TKS：

　　T0001　对无线网络进行渗透测试，并输出渗透测试报告。

　　T0002　对Web应用进行渗透测试，并输出渗透测试报告。

　　T0003　对内网进行渗透测试，并输出渗透测试报告。

评估标准：

以结果评估为准，80分以下不及格，80分以上良好，90分以上优秀。

分数由漏洞分（80%）和报告分（20%）构成。漏洞分根据输出渗透测试报告漏洞成果与数量进行判分。漏洞评分表如表4-6所示。

表 4-6　漏洞评分表

漏洞等级	漏洞总分	分数/个	漏洞等级
高危	30	10 分/1 个	被利用之后，造成的影响较大，但直接利用难度较高的漏洞。或本身无法直接攻击，但能为进一步攻击造成极大便利的漏洞
中危	25	5 分/1 个	利用难度极高，或满足严格条件才能实现攻击的漏洞。或漏洞本身无法被直接攻击，但能为进一步攻击起较大帮助作用的漏洞
低危	25	5 分/个	无法直接实现攻击，但提供的信息可能让攻击者更容易找到其他安全漏洞

例2：能力描述：对信息系统进行渗透测试，并输出渗透测试报告

评估方法：测试

相关TKS：

K0001 渗透测试基本知识（包括渗透测试定义、流程、道德、法律法规等）。

K0002 渗透测试工具知识（包括信息搜集工具、漏洞利用工具、漏洞扫描工具、后渗透工具等）。

......省略

S0001 使用渗透测试工具的技能（包括信息搜集工具、漏洞利用工具、漏洞扫描工具、后渗透工具等）。

S0002 Web应用漏洞挖掘与利用的技能（包括SQL注入、任意文件操作、命令注入、CSRF、SSRF、逻辑漏洞等）。

......省略

评估标准：

以结果为评估，80分以下不及格，80分以上良好，90分以上优秀。

4.2.3 TASK 模型的必要性

在组织中往往会存在十几或几十个不同的岗位，同时也会具备相应的人才培养体系。目前大多数组织往往采用传统课程模式来构建体系，使用课程体系和课程表来管理庞大的知识和技能，让不同的岗位学习不同的课程。但这样的管理模式，知识相互之间的关联性难以体现，同时由于每个岗位要求的深度和广度不同，一门课程难以复用于不同的岗位学习使用，会出现大量的冗余，所以该模式更适用于岗位数量少，同时不会对岗位做过多的更新迭代。

TASK模型在组织应用后会是一套体系性、复用性极强的框架。由于框架要素的颗粒度是由组织同岗位级别要求和不同岗位的复用性为考虑，所以框架会具备极高的复用性，K&S&T可以被反复运动在不同的岗位中。同时当有新的岗位、新的任务生成时，通过关联框架内已有的K&S即可完成体系构建。若有缺失，只需在原有框架上增加缺失的部分即可。

4.3 网络安全人才建设企业实践

4.3.1 橙队能力建设体系

1. 安全服务中心橙队能力建设背景

近年来，公司安全服务中心存在人员流失、内部培养不足、人才队伍建设不畅等问题，而制约服务中心人才队伍建设的主要因素有以下六个方面：缺少完善的培养层次和体系、培训学习的组织和考核不完善、培养体系和岗位能力不匹配、职业发展规划不清晰、工作与学习矛盾突出、激励措施不到位等。

通过构建科学的网络安全人才培养体系框架、建设完备的培训资源、规划合理的职业规划培养路径，并结合评价考核等举措，形成一套以服务中心岗位能力塑造为牵引的网络安全人才培养体系，有效解决培养体系无规划、教学资源缺失、学习考核无监督的问题。因此建设一支进行能够构建培训体系框架、开发培训资源以及落地实施人才培养工作的橙队（讲师）队伍显得尤为迫切。

安恒数字人才创研院是安恒信息的一级部门，学院致力于通过产教融合、协同育人赋能院校网络安全人才培养，依托全生命周期的网络安全从业人员培训与认证服务国家网络安全人才战略，将教学基础设施、教育内容和演训服务有机结合，内外双向服务公司自身人才需求和社会人才培养责任。

近几年来，安恒信息获批浙江省首批产教融合试点企业，浙江省首批网络与信息安全管理员职业技能等级认定试点企业，入选中国产学合作促进会理事单位、中国网络空间安全人才教育联盟网络安全人才标准组副组长企业、信息技术新工科产学研联盟会员单位、工业和信息化部重点领域人才能力提升机构，在网络安全人才培养和评估方面积累了丰富的经验和成果。截至2021年，安恒信息各类认证培训业务拓展至全国30多个省份、直辖市，覆盖了金融、政府、运营商、教育、能源等众多行业，累计支持500多场培训业务，培训人次超过45000。

2．橙队能力要求

（1）基本的教学能力素质要求。

基本的能力素质要求主要有下述几点：热爱公司，热爱本职工作，有责任心，认可公司企业文化。具备良好的沟通技巧，较强的语言表达和文字组织能力。爱好培训工作，熟悉所兼任课程的专业理论知识，有较丰富的业务、技术和实践经验。具备诚实正直、心胸开阔、积极向上的品德，乐于与他人分享经验，爱岗敬业、自律性强。

（2）专业能力素质要求。

橙队（讲师）主要负责网络安全人才培养工作，包括教学资源研发、赛题开发、培训授课、赛事和产品支撑工作；常规的网络安全人才培养项目的建设和实施，包括需求评估、体系设计、质量把控、跨组织协调沟通等方面，并领导团队完成技术难题攻关、研发和交付；制定和持续改进授课培训、教学内容开发等方面的流程和规范，并开展推进工作。

具体的知识技能要求涵盖以下几个方面（以P3-3岗位能力为例）：熟练掌握计算机基础知识，如常见的网络七层协议；精通常见的安全知识原理；精通相关安全领域的安全测试工具的原理、使用方法；具备对应安全方向的总结、归纳、延伸能力；在对应安全方向有深入理解并有丰富的实战经验；在对应安全方向有具有行业影响力的成果；精通至少一门开发语言，熟练至少一门其他语言；精通项目管理能力。

行业影响力要求（以P3-3岗位能力为例）可在下述几个方面满足一项或以上即可：自主挖掘影响范围较广的漏洞至少一次；国内行业安全会议至少一次；参与省级护网项目获得前8；参与全国级网络安全竞赛获得三等奖；参与全国级别网络安全竞赛支撑；相关安全领域专家，获得过相关聘书；开发相关工具至少一次；获得至少5个安全行业相关认证；参加公开出版教材工作至少一次；参加行业安全认证体系建设工作至少一个。

授课经验方面，需要在新员工授课培养、团队技术分享、部门技术分享、外部技术分享/授课、赋能公司其他部门相关工作、公司内部讲师试讲（内部教学资源）评审工作等方面做出一定的贡献。

（3）分级行为标准要求。

基于分级的橙队行为标准如表4-7所示。

表 4-7　基于分级的橙队行为标准

级别	分级描述	行为项	行为要素	行为标准
P2-1	在他人的指导下完成简单的网络安全人才培养工作	项目支撑	项目支撑	能够在他人的指导下完成简单的网络安全人才培养工作，包括但不限于以下工作内容： 1. 能够根据培训项目实施流程，按照标准化课程材料完成简单课程的培训授课工作，并输出教学总结文档 2. 能够根据教学资源开发流程和标准完成简单的教学资源的开发，包括但不限于课件、视频、实验手册、实验环境、理论试题等 3. 能够根据赛题流程和标准，对简单级别以内的赛题内容进行审查和开发 4. 能够根据赛事支撑流程和标准，协助赛事组完成简单的赛事支撑工作 5. 能够根据产品项目需求，协助产品组完成简单的产品内容的工作，包括演示环境准备，场景、漏洞库、靶标等资源的开发
P2-2	参与常规的网络安全人才培养工作	项目支撑	项目支撑	能够参与常规的网络安全人才培养工作，包括但不限于以下工作内容： 1. 能够根据培训项目实施流程，按照标准化课程材料完成常规课程的培训授课工作，并输出教学总结文档 2. 能够根据教学资源开发流程和标准完成常规的教学资源的开发，包括但不限于课件、视频、实验手册、实验环境、理论试题等 3. 能够根据赛题流程和标准，对常规的赛题内容进行审查和开发 4. 能够根据赛事支撑流程和标准，协助赛事组完成常规的赛事支撑工作 5. 能够根据产品项目需求，协助产品组完成常规的产品内容的工作，包括演示环境准备，场景、漏洞库、靶标等资源的开发

级别	分级描述	行为项	行为要素	行为标准
P2-3	独立承担复杂的网络安全人才培养工作	项目支撑	项目支撑	1. 能够独立承担复杂的网络安全人才培养工作，包括但不限于以下工作内容： 　1.1 能够根据培训项目实施流程，按照标准化课程材料完成复杂课程的培训授课工作，并输出教学总结文档 　1.2 能够根据教学资源开发流程和标准完成复杂的教学资源的开发，包括但不限于课件、视频、实验手册、实验环境、理论试题等 　1.3 能够根据赛题流程和标准，对复杂的赛题内容进行审查和开发 　1.4 能够根据赛事支撑流程和标准，协助赛事组完成复杂的赛事支撑工作 　1.5 能够根据产品项目需求，协助产品组完成复杂的产品内容的工作，包括产品内容售前交流、演示环境准备、场景、漏洞库、靶标等资源的开发 2. 能够在项目实施或者交付过程中，独立承担基于客户需求对标准资源的调整，并输出定制化的内容资源及配套材料，包括培养方案、课程表等内容 3. 能够独立承担所负责网络安全人才培养工作的迭代与优化，包括但不限于培训授课、赛题开发、竞赛支撑、产品支撑、产品内容、课程开发等
P2-4	组织并主导复杂的网络安全人才培养工作，包括需求评估、体系设计、质量把控等方面	网络安全人才培养建设	体系设计	1. 能够在他人的指导下设计常规的网络安全人才培养体系，包括安恒内部网络安全人才培养体系、高校或行业网络安全人才培养体系、网络安全认证体系、网络安全教育产品内容体系、网络安全技能人才培养体系、网络安全人才竞赛（选拔）模式等 2. 能够跟进业界网络安全人才培养发展趋势，研究落地应用可行性，并在他人的指导下对常规的网络安全人才培养体系、模式和内容进行迭代和创新
		项目支撑	项目支撑	1. 能够支撑项目的售前交流，环境调研，并输出方案建议书 2. 能够组织并主导团队完成复杂的网络安全人才培养项目的交付，包括但不限于培训授课、赛题开发、竞赛支撑、产品支撑、产品内容开发、课程开发等 3. 能够在项目实施或者交付过程中，独立承担基于客户需求对标准资源的调整，并输出定制化的内容资源及配套材料，包括培养方案、课程表等内容 4. 能够独立承担所负责网络安全人才培养工作的迭代与优化，包括但不限于培训授课、赛题开发、竞赛支撑、产品支撑、产品内容、课程开发等
		项目管理	项目管理	1. 能够组织并主导团队完成网络安全人才培养项目工作的启动、规划、执行、监控和收尾 2. 能够总结优化网络安全人才培养项目管理流程，并开展推进工作，包括安全培训、课程开发、赛事支撑等工

级别	分级描述	行为项	行为要素	行为标准
				作流程
P3-1	负责常规的网络安全人才培养建设与实施，并主导多个培养体系的设计与决策	网络安全人才培养建设	体系设计	1. 能够设计常规的网络安全人才培养体系，包括安恒内部网络安全人才培养体系、高校或行业网络安全人才培养体系、网络安全认证体系、网络安全教育产品内容体系、网络安全技能人才培养体系、网络安全人才竞赛（选拔）模式等 2. 能够跟进业界网络安全人才培养发展趋势，研究落地应用可行性，并对常规的网络安全人才培养体系、模式和内容进行迭代和创新
		项目支撑	项目支撑	1. 能够支撑项目的售前交流，环境调研，并输出方案建议书 2. 能够对常规的项目的进度，发展进行监督，统筹协调解决项目疑难问题处理，对项目推进提出合理的建议，促进项目成功 3. 能够领导团队对技术难题攻坚，并完成对常规的项目的交付
		项目管理	项目管理	1. 能够领导团队完成网络安全人才培养项目工作的启动、规划、执行、监控和收尾 2. 能够总结优化网络安全人才培养项目管理流程，并开展推进工作，包括安全培训、课程开发、赛事支撑等工作流程
		资源体系建设	体系建设	1. 能够根据网络安全人才培养体系及资源，建设资源库，包括课件、视频、实验环境、实验手册、理论试题、赛题、靶场场景、工具、教材等资源 2. 能够制定和持续改进资源库管理办法、资源标准等方面的流程和规范，并开展推进工作
P3-2	负责重要的网络安全人才培养建设与实施，并主导多个培养体系的设计与决策	网络安全人才培养建设	体系设计	1. 能够设计重要的网络安全人才培养体系，包括安恒内部网络安全人才培养体系、高校或行业网络安全人才培养体系、网络安全认证体系、网络安全教育产品内容体系、网络安全技能人才培养体系、网络安全人才竞赛（选拔）模式等 2. 能够跟进业界网络安全人才培养发展趋势，研究落地应用可行性，并对重要的网络安全人才培养体系、模式和内容进行迭代和创新
		项目支撑	项目支撑	1. 能够支撑项目的售前交流，环境调研，并输出方案建议书 2. 能够对重要项目的进度，发展进行监督，统筹协调解决项目疑难问题处理，对项目推进提出合理的建议，促进项目成功 3. 能够领导团队对技术难题攻坚，并完成对重要项目的交付
				1. 能够领导团队完成网络安全人才培养项目工作的启动、规划、执行、监控和收尾

（续表）

级别	分级描述	行为项	行为要素	行为标准
		项目管理	项目管理	2. 能够总结优化网络安全人才培养项目管理流程，并开展推进工作，包括安全培训、课程开发、赛事支撑等工作流程
		资源体系建设	体系建设	1. 能够根据网络安全人才培养体系及资源，建设资源库，包括课件、视频、实验环境、实验手册、理论试题、赛题、靶场场景、工具、教材等资源 2. 能够制定和持续改进资源库管理办法、资源标准等方面的流程和规范
P3-3	负责重大的网络安全人才培养建设与实施，并主导多个培养体系的设计与决策	网络安全人才培养建设	体系设计	1. 能够设计重大的网络安全人才培养体系，包括安恒内部网络安全人才培养体系、高校或行业网络安全人才培养体系、网络安全认证体系、网络安全教育产品内容体系、网络安全技能人才培养体系、网络安全人才竞赛（选拔）模式等 2. 能够跟进业界网络安全人才培养发展趋势，研究落地应用可行性，并对重大的网络安全人才培养体系、模式和内容进行迭代和创新
		项目支撑	项目支撑	1. 能够支撑项目的售前交流，环境调研，并输出方案建议书 2. 能够对重大项目的进度，发展进行监督，统筹协调解决项目疑难问题处理，对项目推进提出合理的建议，促进项目成功 3. 能够领导团队对技术难题攻坚，并完成对重大项目的交付
		项目管理	项目管理	1. 能够领导团队完成网络安全人才培养项目工作的启动、规划、执行、监控和收尾 2. 能够总结优化网络安全人才培养项目管理流程，并开展推进工作，包括安全培训、课程开发、赛事支撑等工作流程
		资源体系建设	体系建设	1. 能够根据网络安全人才培养体系及资源，建设资源库，包括课件、视频、实验环境、实验手册、理论试题、赛题、靶场场景、工具、教材等资源 2. 能够制定和持续改进资源库管理办法、资源标准等方面的流程和规范，并开展推进工作

3. 橙队（讲师）选拔与培养体系

为适应公司快速发展的需要，充分利用公司内部人力资源，建设和培养内部讲师队伍，创建安恒信息讲师的良好品牌，发挥内部讲师在公司培训体系中的核心作用，公司制定了《安恒内部讲师管理办法》。其中安恒数字人才创研院负责内部讲师的选拔、培养、授课、考核、激励等相关工作的组织和管理，公司其他各部门应积极协助与支持内部讲师的授课管理与培养工作。

（1）安恒橙队（讲师）的分级。

内部讲师设立三个级别：初级讲师、中级讲师、高级讲师。初级讲师要求大专及以上学历，从事相关专业领域工作1年；形象良好，具有良好的口头和书面表达能力；能清晰系统地阐述授课内容，达成认知的效果。中级讲师要求大专及以上学历，获得初级讲师资格后，从事培训工作2年以上；具有网络安全行业相关初级职称，如网络工程师、等保测评师、项目经理、系统分析师等；

形象专业，具有良好的口头和书面表达能力；授课内容有较好的系统性和指导性；具备一定的授课技巧，能较好地控制课堂气氛。高级讲师要求本科及以上学历，获得中级讲师资格后，从事培训工作3年以上；具有网络安全行业相关中级职称，如网络工程师、等保测评师、项目经理、系统分析师等；形象专业，具有良好的口头和书面表达能力，授课内容系统性和指导性强，具备良好的授课技巧，能充分调动学员的积极性和热情，能自如控制课堂气氛，达到良好的培训效果。

（2）安恒橙队（讲师）的推荐与评审。

安恒橙队（讲师）可以通过部门推荐、自我推荐、数字人才创研院从公司内部进行选拔，他们在资历评审、教案编写水平、讲课技巧等方面审查合格后，才能承担公司部分培训课程的开发与授课。安恒内部讲师评审团成员由安恒管理层、培训工作负责人及资深培训讲师组成，负责对培训讲师资格、职称进行评定。具体流程如图4-7所示。

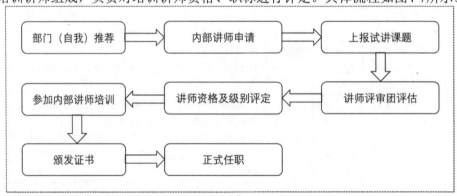

图4-7　讲师评定流程图

（3）安恒橙队（讲师）的义务与权利。

讲师工作职责主要有：根据客户需求，配合公司开展培训工作；开发培训课题，撰写讲义，并定期改进以上资料；参与培训课程内容的审定；课程资料、教案、讲义、考试题目及结果需交到数字人才创研院作为培训资料的备案；内部讲师在接受安排的授课任务后，需按时上课；参与公司年度培训效果工作总结，对培训方法、课程内容等提出改进建议，协助公司不断完善公司培训体系。

内部讲师权利主要有：公司提供不定期的授课技巧和内部讲师培训；公司根据内部讲师的授课时间（授课时间可累加计算）的长短，按优先顺序提供参加外部培训机会；对开发课程和授课表现出色的内部讲师给予奖励。

4.3.2　多元产教融合人才培养

网络与信息安全作为新兴专业，因其学科交叉性强、细分领域众多、更新迭代速度快等特性，加大了专业人才培养难度。如今，正是国家扶持网络安全产业、大力推广职业教育改革的关键时期，在产业侧和教育侧的双重政策引领下，网络安全专业建设和人才培养更加倡导多方创新主体共同参与的多元协同育人模式。安恒信息与政府、高校基于区域的产业发展需求，联合区域政府和行业产业链，开展多层次的产学研用合作。校企双方通过订单班级、师资建设、实训基地建设、社会服务推广等系列合作，助力区域网络安全人才队伍建设，积极推动区域网络安全产业落地。

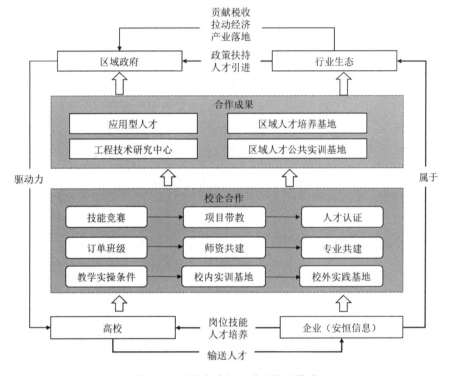

图 4-8　"校企政行"多元协同模式

如图4-8所示，政府、高校、企业、行业产业链之间构成了完整的价值闭环。市政府承担着拉动当地经济的责任，驱动直属高校进行专业人才培养，高校人才培养资源落后、企业内生人才需求促使校企双方展开合作，合作过程中，定制化人才培养与本地化技术服务并举，合作成果赋能于行业产业链，促进产业落地。

在多元融合协同育人的模式中，主要参与者是校企双方，院校与安恒信息共同投入，以点带面、由浅入深开展各类合作。校企通过本地化技术服务，以企业项目带教方式推动岗位技能从企业流向学校；通过定制化人才培养，以企业订单班形式推动适岗应用型人才从学校输送到企业，从而以本地化技术服务促进定制化人才培养，以定制化人才培养保障本地化技术服务，开创了高职层次实战型网络安全人才培养的多元模式。

1. 实践教学体系建设

实践条件是应用型人才培养的基础，安恒信息与学校通过共享、自建、共建和签约的方式，构建了完善的实践平台，为网络安全人才培养实验、实训、实习环节提供环境。当前安恒信息教育教学产品已实现院校实验教学、实训教学和专业实习全覆盖，通过各类网安实验室建设支撑课实践课程教学；通过网络安全实训平台和综合靶场支撑实训教学；通过安恒产业生态上下游产业云实习联盟支撑专业实习；基于互联网模式的学习社区和竞赛平台，支撑SPOC、MOOC和MOOE多种课内外融合学习模式。

校内实训室主要承担校内课程的授课与实训，同时承担网络安全培训基地的对外培训、网警训练、网络安全技能竞赛等社会服务。

（1）课程实验。为了满足院校开设专业相关的各项理论课程的学习以及教学实践的检验，帮助教员在授课过程中实现统一化管理以及课程实验体系化教学与辅导，并能够通过各项实验进行实践，对学员进行相关的考核与检测，帮助学员更好地掌握校内所传授的各项专业知识与技能，我司可协助院校建设信息安全实训平台去更好地支撑课程实验方面的需求。

（2）实训教学。在专业能力提升的基础之上，信息安全实训平台可以通过构建仿真业务场景的功能，让学员对真实业务场景进行安全实训，使得学员能够在步入社会之前更好地熟悉项目实战知识与技能。同时，教员可以通过平台开展实训管理、安全研究等工作。通过平台实现实训和研究成果的共享，为学校形成实训教学生态体系起到了很好的促进作用。

校企共建实训基地主要承担产教融合协同育人与对外技术服务工作，如安全态势风暴中心可监测全市网络环境，为本地企事业单位提供安全服务，合作企业在实施服务的同时，完成学生项目带教工作；校外实践基地则主要为学生提供暑期实践、专业顶岗实习和毕业综合实践等项目。

2. 共建网络空间安全专业

安恒信息和各类院校结合自身优势，共同研究网络空间安全专业人才培养专业内容，共同确定和实施专业课程设置和教学内容。课程内容由浅入深，循序渐进，以职业技能能力养成为主线进行规划，包括信息安全基础知识、职业素养、安全专业技术、综合能力等涵盖网络安全专业全部知识点的课程体系。

根据学校的教学课程体系需要，协助学校拟定人才培养方案，协助学校规划完善本科、高职与中职的网络安全专业课程建设。通过参与教材、课件、视频等教学内容的制作与开发等多种形式，提供必要的技术资源支持。

3. 共建网络空间安全学院

安恒与合作院校通过一体开展人才培养方案拟制、专业课程共建、实训平台共建、安全竞赛支持、校企联合师资培养、就业支持、科研合作等共建网络安全学院。

例如除了学科专业建设，安恒同时与部分高校开展研究生联合培养；与上海电力大学联合申报工业和信息化部项目，与海南大学联合申报省科技重点研发项目；与北京邮电大学共同在Web安全检测方向进行应用导向技术攻关、申报专利、研发产品；与浙江大学等学校共同申报成功国家地方联合工程研究中心，开展科研平台共建；与浙江师范大学共建浙江省网络空间安全一流学科；与浙江工商大学等联合申报浙江省科技进步一等奖等。

4．产教融合人才培养基地建设

2021年7月24日，国家发改委、教育部等6部门印发《国家产教融合建设试点实施方案》（以下简称《实施方案》）。《实施方案》明确，通过五年左右的努力，试点布局50个左右产教融合型城市，在试点城市及其所在省域内打造一批区域特色鲜明的产教融合型行业，在全国建设培育1万家以上的产教融合型企业，建立产教融合型企业制度和组合式激励政策体系。《实施方案》提出，要充分发挥城市承载、行业聚合、企业主体作用，重点在完善发展规划和资源布局、推进人才培养改革、降低制度性交易成本、创新重大平台载体建设、探索发展体制机制创新等方面先行先试。有条件的地方要以新发展理念规划建设产教融合园区。健全以企业为重要主导、高校为重要支撑、产业关键核心技术攻关为中心任务的高等教育产教融合创新机制。

安恒信息与政府、高校共建产教融合人才培养基地建设，双方以人才培养基地为依托，在省、市范围内开展网络安全人才培养工作。基于人才培养基地组织与开展网络安全高端人才培养、提升与增强当地网络安全技术水平、激活与促进当地网络安全产业生态、服务与支持国家网络安全行业发展，基地将为所在地域的网络安全人才培养与产业发展作支撑，如图4-14所示。

图 4-14　产教融合协同育人模式

2016年9月，由中央网信办网络安全协调局、浙江省网信办、浙江省经信委指导，中国网络空间安全协会、浙江省信息经济联合会主办，杭州安恒信息技术有限公司承办的"2016中国（杭州）网络安全和信息化高峰论坛"在杭州召开。安恒信息联合北京邮电大学、上海交通大学、浙江大学、中国科学技术大学、武汉大学、华中科技大学、四川大学、电子科技大学、中国人民大学等国内9所高校，成立国内首个网络安全人才培养实训基地，将为国内网络安全与信息化输送专业型人才。

2020年，杭州安恒信息与四川司法警官职业学院、德阳市公安局三方本着"优势互补、资源共享、互惠双赢、共同发展"的原则，发挥各自所长，就建设区域网络安全人才资源池进行深入合作，达成战略合作。基于人才培养基地采用多元协同育人模式进行网络安全人才培养，建设区域人才资源池，建设高素质、高水准的区域网络安全人才队伍。

2020年，温州市人民政府与杭州安恒信息技术股份有限公司签署《温州网络安全人才培养基地战略合作协议书》。根据协议，温州市人民政府、温州职业技术学院与安恒信息多方联合发起共建温州网络安全人才培养基地，该基地将依托温州市当地高校现有的硬软件基地，结合温州地区网络安全人才培养的需求，发挥政府、高校、企业的资源优势，开展"校企政行"深度合作的多元协同育人模式。通过实践平台、课程体系支撑基本教学，通过各类定制化及认证培训、互联网模式的持续运营及竞赛演练，全面提升专业人员的基本素养和职业技能。

5. 合作案例

安恒数字人才创研院自成立以来，已与全国近百所院校建立网络安全应用型人才培训合作，合作院校层次涵盖一流本科、普通本科、高职、中职等多个层次。

成功案例有：上海交通大学、浙江大学、西安电子科技大学、武汉大学、四川大学、中国科学技术大学、中国人民大学、北京航空航天大学、北京邮电大学、电子科技大学、华中科学技术大学、南京邮电大学、广州大学、中国矿业大学、浙江师范大学、北方科技大学、中原工学院、浙江警察学院、浙江传媒大学、浙江工业大学、浙江工商大学、浙江经贸大学、广东外语外贸大学、中国地质大学、郑州大学、福州职业技术学院、杭州电子科技大学、杭州职业技术学院、嘉兴职业技术学院、宁波大红鹰学院、四川信息职业技术学院、温州职业技术学院、广西职业技术学院、广东汕头职业技术学院、浙江商贸学院、山东政法学院、天津工业职业技术学院、临沂大学等。

4.3.3 安全靶场建设

安恒网络安全靶场自主研发、可控可视，满足网络空间复杂性安全试验环境需求、满足高安全隔离与高数据安全的联合试验环境需求、满足资源自动配置与快速释放能力需求、满足攻防实战成体系的测试评估能力需求，能够解决网络空间安全技术验证、网络武器试验、攻防对抗演练、风险评估等问题。

安恒网络安全靶场的建设紧紧围绕以下几个方面展开。

（1）模拟还原真实业务网络环境。

（2）网络攻防的指标参数可以根据需要进行配置，比如拓扑结构、漏洞等级、设备参数以及评价指标等。

（3）可以进行多种模拟的演练，以满足不同的演练需求，包括红蓝对抗和单兵作战。

（4）在演练过程中，靶场能够在运行资源和管理资源方面支持不同攻防场景的快速部署，从而全方位地对靶场进行安全性评估，重点完善薄弱环节，也能够通过丰富的演练场景，掌握网络攻击与防护的理论知识和实践技能。

（5）演练数据会被详细记录，通过数据处理和分析，评估靶场的安全性以及演练人员的技能水平，并进一步形成和丰富网络攻防实验模型和实验数据库。

安恒网络安全靶场具备以下优势：自主研发的网络武器工具、丰富的漏洞知识库、突出的实战演练能力、完善的人才培养策略、复杂异构网络快速复现及重构技术、网络空间安全大数据分析技术、面向任务的靶场引擎构建技术、靶场资源自动配置与快速释放技术、 靶场安全隔离与受控交换技术、特种木马及APT攻击行为识别技术、网络追踪溯源技术、全网快速探测引擎技术和日志分析和流量监控技术等。

1. 教学竞赛靶场

教学竞赛靶场平台，累积安恒在网络安全多年在线实战的经验。其中包括培训模块、安全研究模块、实验模块、短微课堂、竞赛模块。其目的是为全体人员提供在线安全研究系统功能，用户进行网络安全知识学习、培训、实验、安全研究、考核及竞赛的综合能力提升。

2. 安全运维靶场

明御安全运维靶场是安恒信息结合多年以来在网关安全、数据安全、终端安全、Web应用安全等领域的核心优势，集信息安全人才培养、信息安全研究、人才认证为一体的网络空间安全运维靶场。它是面向高校学生和技术人员基于实战化人才、应用型人才培养的需求，结合安恒自身的安全产品，对真实安全运维场景进行仿真，结合配套实验教程，进行真实业务场景下的安全人员安全运维能力、防护能力、应急处置能力的训练。

明御安全运维靶场体系由产品培训课程、产品实操实验、真实产品设备构成，设备支持并满足护网环境、信息攻防环境下的Web应用防护、主机安全防护、漏洞防护、数据库审计、综合日志审计等安全需求，包括明御Web应用防火墙、明御APT攻击（网络战）预警平台、明御主机安全及管理系统等多种由安恒自主研发的安全设备。在高校教学和企事业单位技术培训的过程中，借助安全运维靶场的配套课程，学员可以学习安全行业中主流的安全产品；并通过配套实验，自己在真实的安全设备上动手操作，加深对安全设备的理解。

明御安全运维靶场支持与安恒教学竞赛靶场系统进行联动，支持将安全运维靶场实

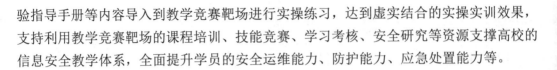
网络安全运营服务能力指南

验指导手册等内容导入到教学竞赛靶场进行实操练习，达到虚实结合的实操实训效果，支持利用教学竞赛靶场的课程培训、技能竞赛、学习考核、安全研究等资源支撑高校的信息安全教学体系，全面提升学员的安全运维能力、防护能力、应急处置能力等。

3．RPG 靶场

RPG靶场旨在对人员的岗位业务能力进行培训和提升，他们负责关键组织资产的网络安全。平台提供基础设施，用于训练个人、小型和大型团队，在真实的网络环境中混合网络流量（合法和恶意软件），使学员能够遇到并操作各种网络事件。参训人员通过训练生成的行为数据和技能图谱进行自我验证与调整，经过不断的实战演练、战术推演，纠错验证，达到快速提升自身综合作战能力的目的。

RPG靶场集成了多种工具和应用程序，可在培训管理系统（TMS）中进行管理和查看。TMS支持培训设置，运行时以展示总结和评估的界面。TMS基于虚拟化技术，由高级网络管理模块提供支持。该架构有助于自动且无缝地建立培训网络。真实世界攻击模拟的一个关键要素是流量生成器，它可以传输恶意和合法的网络流量。您可以根据受训人员的经验水平定制模拟流量。系统记录培训期间所有受训人员的活动，包括日志和网络事件，原始数据保存在长期存储中。该系统使用许多不同的攻击媒介生成逼真且更新的网络攻击情景，模拟对训练网络的广泛损害，包括数据完整性、服务可用性、机密性丢失等。

RPG靶场作为用于网络安全攻防培训的超现实仿真平台。我们自动化的复杂的攻击模拟确保能够轻松复制威胁，而不依赖于人为的"红队"能力。培训任务之间的一致性允许客观地比较和评估。系统同时支持调整场景难度级别，以满足具备不同技能等级的人员培训要求。

靶场实现常见攻击剧本包括SQL注入，Apache服务关闭，WordPress插件脱库，Web页面篡改，网络运营中心DOWN，企业商业间谍，木马权限提升，勒索软件和SIEM关闭等攻击剧本。支持勒索软件，横向移动，数据库注入攻击等多种漏洞利用场景，如信息窃取、Web Crawling、SQL Injection、Port Scaning、PingSweep、密码暴力破解、Backdor脚本、钓鱼攻击等多种漏洞情形。多样化的场景剧本与攻击脚本，满足了不同形态下的网络安全实战化人才的培养需求。

4．综合演练靶场

综合演练靶场主要是为有一定攻防基础的参训人员，提供团队协同作战的高逼真练兵平台。它能够结合用户实际业务环境构建高仿真场景，进行实战化攻防演练、练兵。并支持基于实战场景的安全研究和方案验证。

平台能够还原真实的实战场景，针对不同角色创建并下发任务，演练开始后，能够对演练任务进行管理，包括任务的拆解、下发、执行和反馈，同时在演练过程中对攻防态势进行监控和展示。演练结束，可对演练过程进行回放，方便参训人员进行演练的复盘总结。参训人员通过训练生成的行为数据和技能图谱进行自我验证与调整，经过不断的实战演练、战术推演、纠错验证，达到快速提升自身综合作战能力和团队协同作战能力的目的。

综合演练平台依照"场景真实、攻防兼备、虚实结合、动态扩展"的建设思路搭建，构建出一套以岗位训练、攻防对抗演练、安全能力评估、方案推演、安全研究为一体的作战平台。主要由基础支撑平台、实战演练分系统、方案推演分系统、安全研究分系统四部分组成。

平台具有业务场景快速复现及重构、面向任务的靶场引擎构建、高安全隔离与受控交换、数据采集与安全评估、突出的团队实战演练能力以及丰富的漏洞知识库等优势。

4.3.4　安全竞赛实践

1．安全竞赛概述

安恒信息近年来通过攻防靶场平台实验室承办了全国各地300余场网络安全技能大赛，安全竞赛覆盖国家级、省级、市级的教育、公安、交通、运营商、电力、政府、金融等行业。通过举办攻防大赛等方式，挖掘网络安全人才、加快网络安全人才培养、促进网络安全技术交流，助力国家网络安全发展。

2．竞赛培训内容

赛培训课程包括安全加固、安全运维、安全分析、安全渗透测试、Web安全、软件逆向技术、漏洞挖掘和利用、密码学原理及应用、信息搜集等杂项测试、汇编与反编译技术、移动安全测试技术安全开发、AWD攻防实战等知识模块。具体培训实施时按照赛前辅导、赛中支持、赛后答疑环节进行。

3．竞赛活动支撑案例

（1）2019"湖湘杯"网络安全技能大赛：2019"湖湘杯"网络安全技能大赛由中共湖南省委网络安全和信息化委员会办公室联合相关部门共同主办。安恒信息作为2019"湖湘杯"网络安全技能大赛复赛的支撑单位，从竞赛平台、比赛题库创新、平台安全保障等提供全方位、全流程的赛事支撑。

（2）2019全国信息安全管理知识与技能竞赛：2019年由公安部网络安全保卫局主办的全国信息安全管理员知识与技能竞赛，安恒信息作为本届竞赛的支持单位，采用网络安全攻防安全实训平台为大赛提供了"理论答题+平台实操"的比赛模式，支撑了本届大会近30000人次的选手在线竞赛。

（3）2020中国电信"天翼杯"网络安全攻防大赛：由中共上海市委网络安全和信息化委员会办公室指导、中国电信股份有限公司主办，杭州安恒信息技术股份有限公司协办。大赛全程通过天翼视讯、bilibili、HACKSHOW三大平台同步直播，竞争激烈的比赛吸引了超过17000人在线观看。

（4）2020农信系统网络安全技能大赛：2020农信系统网络安全技能大赛是在中国人民银行科技司的指导下，由中国银行业协会农村合作金融工作委员会和农信银资金清算中心主办、杭州安恒信息技术股份有限公司协办的全国农信系统首届网络安全竞赛。

（5）西湖论剑·2020中国杭州网络安全技能大赛：大赛由杭州市公安局、共青团杭州市委、杭州市学生联合会主办，安恒信息、杭州市网络安全研究所、杭州市网络安全协会承办，安恒信息提供全面技术支持。

（6）2021年全国大学生信息安全竞赛创新实践能力赛总决赛：本次大赛先后历时3个月，分为线上初赛、线下分区赛和全国总决赛3个阶段，共吸引全国高校2042支队伍参赛，参赛选手达7013人，规模创历史新高。经过线上初赛和分区赛层层选拔，共遴选出80支优秀队伍入围全国总决赛。安恒信息提供可线下决赛的全面技术支持。

（7）2021年"安恒·泰山杯"山东省网络安全大赛：2021年10月13日"安恒·泰山杯"山东省网络安全大赛由山东省委网信办、省委省直机关工委、省总工会、团省委、省发展改革委、省教育厅、省工业和信息化厅、省公安厅、省财政厅、省人力资源社会保障厅、省大数据局、省国家保密局、省密码管理局、省国家安全厅、省通信管理局联合主办，国家计算机网络与信息安全管理中心山东分中心、山东信息协会承办，杭州安恒信息技术股份有限公司协办并独家冠名，山东安恒智慧城市安全运营有限公司提供技术支持。作为2021年国家网络安全宣传周山东省活动的重要组成部分，大赛将积极助力我省网络安全宣传教育和人才培养，发掘、聚集和培养网络安全人才，为我省网络安全工作提供有力人才保障。

4.3.5 培训认证实践

目前，安恒信息已经成功组织了各类信息安全认证培训考试，人数达上千人。同时举办上万人次的信息安全专业培训，服务对象包括北京市经信委、全国公安行业、国税系统、浙江大学、电力行业等培训客户。

1．认证培训

（1）培训资质。

安恒信息具备中国网络安全审查技术与认证中心、中国信息安全测评中心、教育部教育管理信息中心授权的培训资质，交通运输部颁发的交通运输网络安全专业人员培训认证资质。

（2）认证证书目录。

安恒信息能够组织中国网络安全审查技术与认证中心颁发的网络安全应急响应技术工程师（CCRC-CSERE）、信息安全管理体系审核员（ISO/IEC 27001:2013）、信息技术服务管理体系审核员（ISO/IEC 20000-1:2018）、中国信息安全保障人员认证（CISAW-安全运维、应急服务、渗透测试等方向）培训认证和考试。

安恒信息能够组织中国信息安全测评中心颁发的注册信息安全专业人员（CISP）、

工业控制系统安全工程师（CISP-ICSSE）、大数据安全分析师（CISP-BDSA）、云安全工程师（CISP-CSE）、注册信息安全专业人员渗透测试工程师（CISP-PTE）安全培训认证和考试。

安恒信息能够组织教育部教育管理信息中心颁发的教育系统网络安全保障专业人员培训（ECSP）安全培训认证和考试。

安恒信息能够组织交通运输部颁发的交通运输网络安全专业人员（TCSP）培训认证和考试。

（3）认证培训优秀案例。

- 乌兰察布大数据培训："2019草原云谷大数据安全高峰论坛"于乌兰察布成功举办，论坛为参加大数据安全人才训练营认证培训的学员颁发资格证书，来自乌兰察布全市各个事业单位的20余名学员获得"CISP-BDSA"证书。

- 云南ICSSE工控培训：在中国信息安全测评中心的指导和安恒信息考试中心的协助下，大数据协同安全技术国家工程实验室工业控制监测西南分中心在昆明开展第1期CISP-ICSSE认证培训，培训学员主要面向发电企业技术骨干和网络安全服务技术人员，约有50名学员。

- 湖南ECSP培训：安恒信息在湖南长沙举办了为期5天的ECSP培训，本次培训学员为湖南省内高校、职校负责网络安全管理的老师，约100人参与培训并考核通过获得由教育部教育信息管理中心颁发的ECSP证书。

- 宁波医疗行业CISP培训：安恒信息在宁波开展面向当地医疗行业的CISP培训。

2. 网络安全定制化培训

网络安全定制化培训针对网络安全人才需求金字塔中组织的管理人才、安全运维人才、安全开发人才、攻防类人才，通过理论讲解、案例分析、视频演示以及上机实操等丰富多样的授课方法，根据客户实际需求灵活定制课程。

信息安全意识与管理培训针对网络安全人才需求金字塔中组织的高层领导与管理层，通过理论讲解、案例分析、视频演示等手段，深入浅出地进行安全意识宣贯、安全合规要求、新基建安全需求等专题内容培训。信息安全意识培训主要侧重：信息安全的基础知识，分析当前网络安全形势、典型网络安全事件，介绍个人敏感信息泄露、办公环境安全、上网安全、手机安全、邮件安全、网络安全法规政策等模块内容。信息安全管理培训主要侧重：《中华人民共和国网络安全法》等网络安全相关的法律、法规、标准制度的要点解读，网络安全等级保护制度、关键信息基础设施保护要求，以及网络安全标准和行业合规需求等模块内容。

新兴技术领域信息安全专题培训主要侧重：新兴技术领域专题培训包括物联网、工业互联网、车联网、人工智能、云计算、虚拟化、区块链、5G安全等新兴技术领域的安全风险与实践内容。

网络安全技术培训课程主要有：渗透测试、Web安全、安全运维、逆向工程、代码审计、恶意代码分析、漏洞挖掘与利用、无线安全、移动安全、工控安全、云计算安全、物联网安全、应急响应、溯源取证、数据加固与恢复等培训内容，涵盖基础、提高、拓展三个级别。通过培训最终达到进一步提升网络安全技能、具备网络安全实战能力、加强组织的信息系统安全防护体系、提升企业网络安全建设与运营的良好效果。

4.3.6 成果案例

2021年10月由工业和信息化部人才交流中心、工业和信息化部网络安全产业发展中心牵头，由杭州安恒信息技术股份有限公司与西北工业大学、西安电子科技大学、猎聘网共同编写的《网络安全产业人才发展报告》在2021年国家网络安全周上重磅发布。报告从网络安全产业人才的市场特征、人才需求、院校供给、社会供给及网络安全产业人才的发展建议等五个维度进行展开，在深入总结网络安全产业人才发展现状和特点的基础上，阐述了网络安全产业人才的供需现状，提出了下一步工作建议，为优化网络安全人才培养机制、促进产业高质量发展奠定基础。

《网络安全产业人才发展报告》的推出，对于梳理网络安全产业人才市场需求，激活网络安全产业未来人才发展动力，形成网络安全产业健康有序发展格局，具有重要的参考价值和指导意义。

附录：基于安全服务工程师的 TASK 案例

1. 安全服务工程师描述列表

角色 ID	类别	任务、能力、技能、知识（TASK）
AH-AF-001	T	T0001 T0002 T0003 T0004 T0005 T0006 T0007 T0008 T0009 T0010 T0011 T0012 T0013 T0014 T0015 T0016 T0017 T0018 T0019
	K	K0001 K0002 K0003 K0004 K0005 K0006 K0007 K0008 K0009 K0010 K0011 K0012 K0013 K0014 K0015 K0016 K0017 K0018 K0019 K0020 K0021 K0022 K0023 K0024 K0025 K0026 K0027 K0028 K0029 K0030 K0031 K0032 K0033 K0034 K0035 K0036 K0037 K0038 K0039 K0040 K0041 K0042 K0043 K0044 K0045 K0046 K0047 K0048 K0049 K0050 K0051 K0052 K0053 K0054 K0055 K0056 K0057 K0058 K0059 K0060 K0061 K0062 K0063 K0064 K0065 K0066 K0067 K0068 K0069 K0070 K0071 K0072 K0073 K0074 K0075 K0076 K0077 K0078 K0079 K0080 K0081 K0082 K0083 K0084 K0085 K0086 K0087 K0088 K0089 K0090 K0091 K0092 K0093 K0094 K0095 K0096 K0097 K0098 K0099 K0100 K0101 K0102 K0103
	S	S0001 S0002 S0003 S0004 S0005 S0006 S0007 S0008 S0009 S0010 S0011 S0012 S0013 S0014 S0015 S0016 S0017 S0018 S0019 S0020 S0021 S0022 S0023 S0024 S0025 S0026 S0027 S0028 S0029 S0030 S0031 S0032 S0033 S0034 S0035 S0036 S0037 S0038 S0039 S0040 S0041 S0042 S0043 S0044 S0045 S0046 S0047 S0048 S0049 S0050 S0051 S0052 S0053 S0054 S0055 S0056 S0057 S0058 S0059 S0060 S0061 S0062 S0063 S0064 S0065 S0066 S0067 S0068 S0069 S0070 S0071 S0072 S0073 S0074 S0075 S0076 S0077 S0078 S0079 S0080 S0081 S0082 S0083 S0084 S0085 S0086
	A	A0001 A0002 A0003 A0004 A0005 A0006 A0008 A0009 A0010 A0011 A0012 A0013 A0014 A0015 A0016

2. 任务描述

编　号	描　述
T0001	能够根据政策、行业监管部门监管要求，梳理政策关键点，分析方向要点，明确技术核心，完成相应的解决方案或检查方案
T0002	能够同客户交流沟通，理解和搜集客户需求，完成安全服务方案及标书编写的任务工作
T0003	能够根据公司安全服务项目管理规范，制定项目计划，负责项目人员工作安排，对接客户，把控项目实施过程，为项目验收负责，完成安全服务项目管理工作
T0004	能够具备清晰的授课思路，掌握授课技巧，完成标准课程的安全意识、基础安全技能的培训课程工作
T0005	熟悉风险评估标准，掌握风险评估流程，能够通过调研、访谈、查询、检测等方式进行风险分析、风险评价，完成风险评估项目，输出风险评估报告
T0006	能够通过工具、搜索引擎等方式结合客户需求完成信息搜集工作，输出信息搜集结果
T0007	能够根据给定的渗透目标，完成渗透测试项目，输出渗透测试报告
T0008	能够进行 APP 客户端包括 IOS、安卓进行安全检测，输出安全检测报告

（续表）

编　号	描　述
T0009	能够针对无线网络进行安全评估，输出无线渗透测试报告
T0010	能够对安全评估和安全检测的结果，输出安全加固报告
T0011	能够进行源代码掌握工具使用和安全编码规范完成代码审计工作，输出代码审计报告
T0012	能够根据客户要求，明确演练场景，制定演练实施方案，并执行应急演练项目，输出应急演练报告
T0013	能够通过调研、访谈、查阅文档等方式结合客户背景，进行安全规划，输出解决方案
T0014	掌握等级保护标准，熟悉等级保护测评流程，输出等级保护差距分析，完成等级保护咨询项目
T0015	能够完成云安全评估项目，输出云安全评估报告
T0016	能够完成物联网安全评估项目，输出物联网安全评估报告
T0017	能够完成区块链安全评估，输出区块链安全评估报告
T0018	能够完成常见安全产品的使用和优化策略工作
T0019	能够通过多种设备、操作系统的日志记录，进行日志分析工作，输出报告

3. 知识描述

编　号	描　述
K0001	计算机网络基础知识
K0002	Java 编程语言基本知识（基本概念、基本语法、常用函数等）
K0003	PHP/编程语言基本知识（基本概念、基本语法、常用函数等）
K0004	Python 编程语言基本知识（基本概念、基本语法、常用函数等）
K0005	等级保护基础知识（发展、标准情况等）
K0006	等级保护实施规范和流程
K0007	ISO27001 基本知识
K0008	ISO20000 基本知识
K0009	ISMS 体系基本知识
K0010	行业标准基本知识（金融、运营商等）
K0011	网络安全产品基本知识（网络安全产品体系、分类、常见产品的作用和部署模式等）
K0012	明御安全网关基本知识（基本概念、原理、部署方法、功能等）
K0013	明御 Web 应用防火墙（WAF）基本知识（基本概念、原理、部署方法、功能等）
K0014	明御运维审计与风险控制系统（堡垒机）基本知识（基本概念、原理、部署方法、功能等）
K0015	明御综合日志审计平台基本知识（基本概念、原理、部署方法、功能等）
K0016	明御数据库审计系统基本知识（基本概念、原理、部署方法、功能等）
K0017	明御入侵检测系统基本知识（基本概念、原理、部署方法、功能等）
K0018	明鉴迷网系统基本知识（基本概念、原理、部署方法、功能等）
K0019	明御主机安全及管理系统（EDR）基本知识（基本概念、原理、部署方法、功能等）
K0020	明御 APT 攻击预警平台基本知识（基本概念、原理、部署方法、功能等）
K0021	明御 AiLPHA 大数据智能安全平台基本知识（基本概念、原理、部署方法、功能等）

（续表）

编　号	描　　述
K0022	明鉴信息安全等级保护工具箱基本知识（基本概念、原理、使用方法、功能等）
K0023	明鉴网络安全事件应急处置工具箱基本知识（基本概念、原理、使用方法、功能等）
K0024	明鉴远程安全评估系统基本知识（基本概念、原理、使用方法、功能等）
K0025	明鉴数据库漏洞扫描系统基本知识（基本概念、原理、使用方法、功能等）
K0026	明鉴 Web 应用弱点扫描器基本知识（基本概念、原理、使用方法、功能等）
K0027	Wireshark 基本知识（基本介绍、功能模块、使用方法等）
K0028	Kali 基本知识（基本介绍、功能模块、使用方法等）
K0029	MetaSploit 基本知识（模块、使用方法等）
K0030	Nmap 基本知识（模块、参数、使用方法等）
K0031	SQLMap 基本知识（模块、参数、使用方法等）
K0032	CobaltStrike 基本知识（模块、使用方法等）
K0033	BurpSuite 基本知识（基本概念、各模块介绍与使用）
K0034	浏览器插件基本知识（HackBar、Postman、FoxyProxy 等）
K0035	WebShell 基本知识（WebShell 概念、分类、原理，使用和利用方法）
K0036	WebShell 管理工具基本知识（中国蚁剑、菜刀、冰蝎等工具使用）
K0037	Nessus 基本知识（基本概念、模块、使用方法）
K0038	AWVS 基本知识（基本概念、模块、使用方法）
K0039	Xray 基本知识（基本概念、模块、使用方法）
K0040	网络空间搜索引擎基本知识（基本概念、参数、模块、使用方法）
K0041	Google Hacker 基本知识（基本概念、参数、模块、使用方法）
K0042	Fotify 基本知识（基本概念、参数、模块、使用方法）
K0043	PM 管理系统基本知识
K0044	基线核查概述（概念、流程、规范、自动化工具使用、原则）
K0045	人工进行操作系统基线检查方法（Linux、Windows、统信）
K0046	人工进行中间件基线检查和加固方法
K0047	人工进行网络设备基线检查加固方法
K0048	人工进行安全设备基线检查加固方法
K0049	人工进行数据库基线检查加固方法
K0050	漏洞扫描技术（概念、技术原理、流程、规范、原则、Web 应用、主机、数据库、弱口令扫描方法和技巧）
K0051	漏洞验证的方法、技巧（Web 应用、主机、数据库）
K0052	渗透测试基本知识（概念、分类、流程、渗透测试相关术语）
K0053	社会工程学基本知识（基础知识、攻击手段、案例、防范方法等）
K0054	信息搜集技术（概念、流程、分类、常见信息搜集项等）
K0055	Web 安全基本知识（Web 应用介绍、Web 应用架构、Web 应用运行原理、Web 应用编码技术、Web 安全概述、OWASP TOP 10 框架等）
K0056	Web 应用主流漏洞基本知识（概念、原理、危害、防护方法及工具）

（续表）

编　号	描　述
K0057	Web 应用主流漏洞渗透方法与技巧
K0058	主流 Web 框架漏洞技术（漏洞清单、原理、危害、利用方法、防护方法、挖掘技巧、工具等）
K0059	主流 CMS 漏洞渗透技术（漏洞清单、原理、危害、利用方法、防护方法、挖掘技巧、工具等）
K0060	中间件渗透技术（IIS、Apache、Nginx、Tomcat、Jboss、Weblogic 漏洞清单、漏洞概念、原理、利用方法、防护方法等）
K0061	操作系统渗透技术（FTP、Samba、SMB、LDAP、SSH、Telnet、RDP 等服务）
K0062	数据库渗透技术（SQL Server、Oracle、MySQL、PostgreSQL、Mongodb、Redis 等数据库）
K0063	移动应用渗透技术（常见漏洞原理、危害、挖掘与利用方法、技巧等）
K0064	无线网络渗透技术（常见漏洞原理、危害、挖掘与利用方法、技巧等）
K0065	内网渗透基本知识（基本概念、内网架构、流程等）
K0066	内网信息搜集技术（本机信息搜集、域内信息搜集、内网主机发现、内网端口扫描、密码搜集、工具等）
K0067	权限维持技术（原理、分类、使用场景、方法和技巧等）
K0068	代理隧道技术（原理、代理协议类型、代理客户端、代理隧道搭建方法、工具等）
K0069	端口转发技术（原理、工具使用方法等）
K0070	权限提升技术（Windows、Linux、第三方服务提权等）
K0071	内网横向移动技术（基础知识、原理、攻击手段、工具等）
K0072	内网域渗透技术（基础知识、原理、攻击手段、工具等）
K0073	痕迹清除技术（操作系统日志、Web 日志、工具等）
K0074	WAF 识别、绕过方法、技巧（基本知识、分类、原理、识别方法、绕过方法等）
K0075	免杀技术（免杀原理、思路、常见方法、工具）
K0076	应急响应基本知识（基本概念、技术起源、网络安全事件分级分类、工作流程等）
K0077	日志分析基本知识（日志分析方法、思路、工具）
K0078	流量分析基本知识（基本概念、分析思路和方法、报文格式、恶意流量特征、分析方法、技巧等）
K0079	应急响应入侵排查技术（排查思路、信息搜集，网络及进程、可疑用户、持久化排查、入侵排查工具等）
K0080	网络安全事件应急处置（网络安全事件处置思路与流程、处置方法与技巧等）
K0081	代码审计概述（概念、流程、规范、原则、报告框架）
K0082	JAVA 应用代码审计知识（编码规范、常见漏洞）
K0083	PHP 应用代码审计知识（编码规范、常见漏洞）
K0084	.Net 应用代码审计知识（编码规范、常见漏洞）
K0085	移动应用基本概念、架构、体系、概念
K0086	移动客户端安全检查基本知识（工具、流程、方法）
K0087	风险评估知识（概念、标准、整体流程、规范）
K0088	应急演练基础知识（模式、流程、场景）

（续表）

编　号	描　述
K0089	云安全评估基础知识
K0090	物联网评估基础知识
K0091	区块链评估基础知识
K0092	安全培训的基本知识（课程体系、流程、规范、讲解技巧）
K0093	项目管理基础知识（PMBOK 体系）
K0094	安全服务项目管理规范（项目实施流程、要求）
K0095	安全服务项目管理方法（项目整体管理、干系人管理、人员管理、变更管理、范围管理、成本管理、进度管理、风险管理、质量管理、沟通管理、模型管理、知识管理）
K0096	项目管理常见问题清单和解决方法
K0097	售前基本知识（公司资质、个人证书、服务案例、常见控标点、招投标流程）
K0098	安全服务方案基础知识（方案架构、安全服务服务方案）
K0099	公司及部门制定的员工管理办法和规范
K0100	安全服务体系知识
K0101	安全服务沟通方法和技巧
K0102	安全服务商务礼仪
K0103	安全服务人员面试知识

4. 技能描述

编　号	描　述
S0001	使用明御安全网关常见功能的技能
S0002	使用明御 Web 使用防火墙常见功能的技能
S0003	使用明御运维审计与风险控制系统常见功能的技能
S0004	使用明御综合日志审计平台常见功能的技能
S0005	使用明御数据库审计系统常见功能的技能
S0006	使用明御入侵检测系统常见功能的技能
S0007	使用明鉴迷网系统常见功能的技能
S0008	使用明御主机安全及管理系统常见功能的技能
S0009	使用明御 APT 攻击预警平台常见功能的技能
S0010	使用 AiLPHA 大数据智能安全平台常见功能的技能
S0011	使用明鉴信息安全等级保护工具箱常见功能的技能
S0012	使用明鉴网络安全事件应急处置工具箱常见功能的技能
S0013	使用明鉴远程安全评估系统常见功能的技能（使用、配置、策略调优等）
S0014	使用明鉴数据库漏洞扫描系统的技能（功能使用、配置、策略调优等）
S0015	使用明鉴 Web 使用弱点扫描器的技能（功能使用、配置、策略调优等）
S0016	使用 Wireshark 的技能
S0017	使用 Kali 的技能
S0018	使用 MetaSploit 的技能

（续表）

编　号	描　　述
S0019	使用 Nmap 的技能
S0020	使用 SQLMap 的技能
S0021	使用 CobaltStrike 的技能
S0022	使用 BurpSuite 的技能
S0023	使用浏览器插件的技能
S0024	使用 WebShell 和 WebShell 管理工具的技能
S0025	使用 Nessus 的技能
S0026	使用 AWVS 的技能
S0027	使用 Xray 的技能。
S0028	使用网络空间搜索引擎的技能
S0029	使用 Google Hacker 的技能
S0030	Fotify 基本知识
S0031	PM 管理系统使用的技能
S0032	使用自动化基线检查的脚本的技能（脚本、远程安全评估系统）
S0033	检查和加固操作系统基线技能（Linux、Windows、统信）
S0034	检查和加固中间件基线的技能
S0035	检查和加固网络设备基线的技能
S0036	检查和加固安全设备基线的技能
S0037	检查和加固数据库基线的技能
S0038	编写基线核查报告的技能
S0039	扫描应用系统漏洞的技能（Web 应用、主机、数据库、弱口令）
S0040	验证应用系统漏洞的技能（Web 应用、主机、数据库）
S0041	编写漏洞扫描报告的技能
S0042	搜集常规信息的技能（IP、域名、服务器、网站、Github、邮箱等）
S0043	渗透 Web 应用常规漏洞的技能（挖掘、利用、绕过）
S0044	渗透主流 Web 框架常见漏洞的技能（挖掘、利用）
S0045	渗透主流 CMS 漏洞常见漏洞的技能（挖掘、利用）
S0046	渗透中间件常见漏洞的技能（挖掘、利用）
S0047	渗透操作系统常见漏洞的技能（挖掘、利用）
S0048	渗透数据库常见漏洞的技能（挖掘、利用）
S0049	渗透移动应用常见漏洞的技能（挖掘、利用）
S0050	渗透无线网络常见漏洞的技能（挖掘、利用）
S0051	搜集内网信息的技能（本机信息搜集、域内信息搜集、内网主机发现、内网端口扫描、密码搜集等）
S0052	维持权限的技能（Windows、Linux 等）
S0053	建立和使用代理隧道的技能（reGeorg、FRP、NPS 代理，ProxyChains、Proxifier 客户端等）

（续表）

编　号	描　述
S0054	使用端口转发进行内网穿透的技能（LCX、SSH 等）
S0055	提升权限的技能（Windows、Linux、第三方服务等）
S0056	内网横向移动的技能（操作系统漏洞利用、弱口令等）
S0057	内网域渗透的技能（域内端口、查找域控制器等）
S0058	清除渗透痕迹的技能（操作系统日志、Web 日志等）
S0059	识别、绕过 WAF 的技能
S0060	制作免杀木马的技能
S0061	建立和使用隐蔽内网穿透隧道的技能
S0062	使用隐蔽文件上传与下载的技能
S0063	隐藏、防溯源 C2 的技能
S0064	编写渗透测试报告的技能
S0065	分析并识别日志入侵痕迹的技能（操作系统、中间件、数据库等）
S0066	分析并识别流量入侵痕迹的技能
S0067	应急响应中排查入侵痕迹的技能（Windows、Linux）
S0068	应急响应中处置网络安全事件的技能
S0069	编写应急响应报告的技能
S0070	编写日志分析报告的技能
S0071	使用代码审计工具的技能（Fotify）
S0072	验证代码审计工具扫描结果的技能
S0073	审计代码并挖掘漏洞的技能
S0074	编写代码审计报告的技能
S0075	风险评估管理评估的技能
S0076	风险评估技术评估的技能
S0077	编写风险评估报告的技能
S0078	研发攻防中简易安全工具的技能
S0079	根据方案搭建应急演练环境
S0080	编写应急演练脚本
S0081	编写招投标文件的技能
S0082	讲解标书的技能
S0083	编写安全服务常规解决方案的技能
S0084	编写安全服务常规实施方案的技能
S0085	编写等级保护差距分析报告
S0086	编写安全规划文件

5. 能力描述

编　号	描　　述	评估方法	相关 TSK
A0001	掌握常规安全产品使用和优化策略	理论考试	T0018
A0002	掌握安全服务项目技术理论知识	理论考试	K0005　K0006　K0007　K0008　K0009　K0010 K0011　K0012　K0013　K0014　K0015　K0016 K0017　K0018　K0019　K0020　K0021　K0022 K0023　K0024　K0025　K0026　K0027　K0028 K0029　K0030　K0031　K0032　K0033　K0034 K0035　K0036　K0037　K0038　K0039　K0040 K0041　K0042　K0043　K0044　K0045　K0046 K0047　K0048　K0049　K0050　K0051　K0052 K0053　K0054　K0055　K0056　K0057　K0058 K0059　K0060　K0061　K0062　K0063　K0064 K0065　K0066　K0067　K0068　K0069　K0070 K0071　K0072　K0073　K0074　K0075　K0076 K0077　K0078　K0079　K0080　K0081　K0082 K0083　K0084　K0085　K0086　K0087
A0003	掌握安全服务项目管理理论知识	理论考试	K0043　K0093　K0094　K0095　K0096
A0004	掌握安全服务项目技术实操能力	实操考核	S0001　S0002　S0003　S0004　S0005　S0006　S0007 S0008　S0009　S0010　S0011　S0012　S0013　S0014 S0015　S0016　S0017　S0018　S0019　S0020　S0021 S0022　S0023　S0024　S0025　S0026　S0027　S0028 S0029　S0030　S0032　S0033　S0034　S0035　S0036 S0037　S0038　S0039　S0040　S0041　S0042　S0043 S0044　S0045　S0046　S0047　S0048　S0049　S0050 S0051　S0052　S0053　S0054　S0055　S0056　S0057 S0058　S0059　S0060　S0061　S0062　S0063　S0064 S0065　S0066　S0067　S0068　S0069　S0070　S0071 S0072　S0073　S0074　S0075　S0076　S0077　S0078
A0005	具备招投标材料编写和讲解能力	专家评审&材料审核	T0002
A0006	掌握解决方案的编写	专家评审&材料审核	T0001
A0008	具备安全服务项目管理能力	专家评审&认证	T0003
A0009	具备根据政策、行业监管部门等要求，完成相应的解决方案或检查方案	专家评审&材料审核	T0001
A0010	具备风险评估项目实施的能力	专家评审&材料审核	T0005
A0011	具备等级保护项目实施的能力	专家评审&材料审核	T0014

（续表）

编　号	描　述	评估方法	相关 TSK
A0012	具备应急演练项目实施的能力	专家评审&材料审核	T0012
A0013	具备安全咨询项目实施的能力	专家评审&材料审核	T0013
A0014	具备安全培训能力	专家评审&材料审核	T0004
A0015	具备安全服务人员面试能力	公司面试官认证	K0103
A0016	具备安全服务基本素质	理论考试&PBC	K0099 K0100 K0101 K0102

反侵权盗版声明

电子工业出版社依法对本作品享有专有出版权。任何未经权利人书面许可，复制、销售或通过信息网络传播本作品的行为；歪曲、篡改、剽窃本作品的行为，均违反《中华人民共和国著作权法》，其行为人应承担相应的民事责任和行政责任，构成犯罪的，将被依法追究刑事责任。

为了维护市场秩序，保护权利人的合法权益，我社将依法查处和打击侵权盗版的单位和个人。欢迎社会各界人士积极举报侵权盗版行为，本社将奖励举报有功人员，并保证举报人的信息不被泄露。

举报电话：（010）88254396；（010）88258888

传　　真：（010）88254397

E-mail：　dbqq@phei.com.cn

通信地址：北京市万寿路南口金家村288号华信大厦

　　　　　电子工业出版社总编办公室

邮　　编：100036